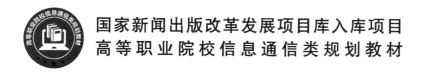

国家新闻出版改革发展项目库入库项目

高等职业院校信息通信类规划教材

通信电源设备与维护
（第 2 版）

主　编　高振楠　韩　啸

副主编　李安庆　黄振陵　杨　威　翟荣刚

U0282448

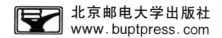

北京邮电大学出版社
www.buptpress.com

内 容 简 介

本书内容共 11 章,包括通信电源系统认知、高低压交流配电系统维护、交流配电系统维护与测试、油机发电机组、空调、高频开关整流设备维护、蓄电池维护、直流配电系统维护、不间断电源(UPS)维护、通信接地与防雷系统维护、动力环境集中监控系统。本书在充分调研通信电源设备维护实际工作的基础上,完善了通信电源设备维护中采用的新技术等课程内容,体现了"基于工作过程"的课程内容设计理念,能够为学生将来从事通信电源设备维护工作打下良好的基础,有助于提高学生的职业技能。

本书图文并茂,内容浅显易懂,可作为高等职业院校通信类专业的教材,还可作为企业通信电源维护人员的参考书籍。

图书在版编目(CIP)数据

通信电源设备与维护 / 高振楠,韩啸主编. -- 2 版. -- 北京 : 北京邮电大学出版社,2021.9
ISBN 978-7-5635-6525-2

Ⅰ.①通… Ⅱ.①高… ②韩… Ⅲ.①通信设备—电源—操作—高等职业教育—教材②通信设备—电源—维修—高等职业教育—教材 Ⅳ.①TN86

中国版本图书馆 CIP 数据核字(2021)第 191383 号

策划编辑:彭 楠　　**责任编辑:**王晓丹 陶 恒　　**封面设计:**七星博纳

出版发行:北京邮电大学出版社
社　　址:北京市海淀区西土城路 10 号
邮政编码:100876
发 行 部:电话:010-62282185　传真:010-62283578
E-mail:publish@bupt.edu.cn
经　　销:各地新华书店
印　　刷:唐山玺诚印务有限公司
开　　本:787 mm×1 092 mm　1/16
印　　张:16.25
字　　数:344 千字
版　　次:2021 年 9 月第 2 版
印　　次:2021 年 9 月第 1 次印刷

ISBN 978-7-5635-6525-2　　　　　　　　　　　　　　　　定价:39.00 元

前　言

通信在社会发展和人们的生活中起着越来越重要的作用。通信网络的可靠性是通信最基本的要求，通信电源的正常运行则是保障通信网络畅通的前提条件。通信电源设备发生故障，中断供电，将使整个通信网络陷入瘫痪。通信电源设备的维护日益引起通信运营企业的高度重视。因此，通信电源设备的维护人员只有更好地掌握通信电源设备维护技术和经验，才能做好维护工作，保障电源正常运行。

本书在充分调研通信电源设备维护实际工作的基础上，本着"以就业为导向，以工作岗位为目标"的理念，优化了课程结构，完善了通信电源设备维护中采用的新技术、新方法等内容，体现了"基于工作过程"的课程内容设计理念的实用性，以及"面向应用"的高职高专教育特色。

本书内容共11章，包括通信电源系统认知、高低压交流配电系统维护、交流配电系统维护与测试、油机发电机组、空调、高频开关整流设备维护、蓄电池维护、直流配电系统维护、不间断电源（UPS）维护、通信接地与防雷系统维护、动力环境集中监控系统。在内容的选择上，本书尽量避开繁杂的电路原理，尽量做到内容实用、语言通俗易懂、图文并茂，帮助学生更好地学习本课程。

本书由安徽邮电职业技术学院高振楠、中国电信亳州分公司电源技术主管韩啸担任主编，安徽邮电职业技术学院李安庆、黄振陵、杨威、翟荣刚担任副主编。在编写过程中，编者得到安徽邮电职业技术学院领导的大力支持，并得以到中国电信安徽分公司进行企业实践，在此表示感谢。

最后，由于编者能力有限，书中难免存在不足之处，敬请读者提出意见和建议。

编　者

目　　录

第1章 通信电源系统认知

1.1 通信电源的作用和组成

通信电源是通信畅通的基础和保障,是通信系统的心脏。通信电源维护工作的目的是保证通信设备获得持续、稳定、可靠的能源,为通信设备提供正常的运行环境,保障动力系统设备稳定、可靠地运行和优质供电,以及提供良好的机房环境。通信电源的作用是为各种通信设备和机房提供可靠的交、直流电源。通信电源的安全、可靠是保证通信系统正常运行的重要条件。通信局的电源设备发生故障,中断供电,将使整个通信网络瘫痪,因此,通信电源的维护人员应全面掌握电源设备的基本性能、工作原理和维护方法,以确保电源设备正常运行。

通信电源组成

通信电源系统组成如图 1-1 所示。

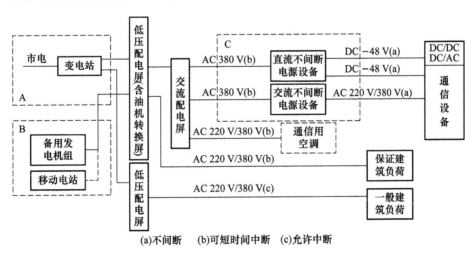

(a)不间断　(b)可短时间中断　(c)允许中断

图 1-1　通信电源系统组成

通信电源系统包括:交流市电、高低压变电站设备、备用发电机组、交流配电屏、直流不间断电源设备(包括高频开关整流设备、蓄电池和直流配电屏)和交流不间断电源

(UPS)等。通信配电就是把上述的电源设备组合成一个完整的供电系统,对电进行合理的控制、分配、输送,满足通信设备的要求。

1.2 交流供电系统

交流供电系统由主用交流电源和备用交流电源组成,主用交流电源采用市电,由高压开关柜、电力变压器、低压配电设备、低压电容器屏、市电油机转换屏、交流不间断电源等组成;备用交流电源采用油机发电机组。大中型电信局采用 10 kV 高压市电,经电力变压器降为 380 V/220 V 的低压后,再供给整流器、不间断电源、通信设备、空调设备和建筑用电设备等。交流供电系统的组成如下。

1. 高压开关柜

高压开关柜的主要功能,除了引入高压(一般为 10 kV)市电外,还能保护本局的设备和配线,同时还能防止由本局设备故障造成的影响波及外线设备。高压开关柜还有控制和监测电压、电流的功能。重要通信枢纽局由两个变电站引入两路 10 kV 高压市电,并由专线引入,一路主用,一路备用;其他通信局(站)一般引入一路 10 kV 高压市电。用电量小的通信局(站)则直接引入 220 V/380 V(相电压 220 V、线电压 380 V)低压市电。

2. 电力变压器

电力变压器是把 10 kV 高压电变换为 220 V/380 V 低压电的设备。专用变电站由高压配电装置和电力变压器(又称配电变压器)组成,根据通信局(站)建设规模及用电负荷的不同,可分为室外小型专用变电站(所)和室内专用变电站(所)两种。

室外小型专用变电站(所)的变压器安装在室外,变压器的高压侧采用高压熔断器(跌落式熔断器)进行操作,电力变压器一般采用油浸式变压器。室内专用变电站(所)的变压器安装在室内。当变压器容量不大于 315 kV·A 时,一般不设高压开关柜,变压器的高压侧常用高压负荷开关进行操作;当变压器容量较大以及有两路高压市电引入时,应配置适当的高压开关柜。干式电力变压器便于在机楼内安装。

3. 低压配电设备

低压配电设备是对由电力变压器输出的低压电或直接由市电引入的低压电进行配电,作市电的通断、切换控制和监测,并保护接到输出侧的各种交流负载的设备。低压配电设备由低压开关、空气断路开关、熔断器、接触器、避雷器和用于监测的各种交流电表等组成。

4. 低压电容器屏

根据规定,"无功电力应就地平衡,用户应在提高用电自然功率因数的基础上,设计和装置无功补偿设备"以达到规定的要求。电信局(站)采用低压补偿用电功率因数的原则,装设电容器屏。屏内由装有低压电容器、控制接入或撤除电容器组的自动化器件和用于监测的功率因数表等组成。

5.市电油机转换屏

市电油机转换屏引入由电力变压器和备用发电机组供给的三相五线制 220 V/380 V 交流电,对交流配电屏和保证建筑负荷用电进行由市电供电或备用发电机组供电的自动或手动切换,并进行供电的分配、通断控制、监测和保护。

6.交流不间断电源

交流不间断电源又称 UPS,能够提供稳定、可靠的交流电。卫星通信地球站的通信设备、数据通信机房服务器及其终端、网管监控服务器及其终端、计费系统服务器及其终端等均采用交流电源并要求交流电源不间断,为此,应采用交流不间断电源(UPS)对其供电。交流不间断电源系统如图 1-2 所示。

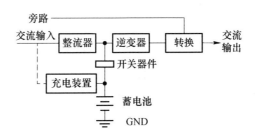

图 1-2　交流不间断电源系统

7.油机发电机组

用于通信的油机发电机组一般采用柴油发电机组,柴油发电机组以柴油机为动力,驱动三相交流发电机来提供电能。柴油机利用柴油在发动机汽缸内燃烧产生的高温高压气体爆炸作功,经过活塞连杆组和曲轴机构将内能转化为机械能。

1.3　直流供电系统

直流供电系统由整流设备、蓄电池、直流配电屏、直流变换器等组成,如图 1-3 所示。

当整流器由于以下原因发生停机时,由蓄电池供电:(1)市电停电;(2)市电质量下降到一定程度;(3)整流器故障。组成直流供电系统的主要电源设备及其作用和性能如下。

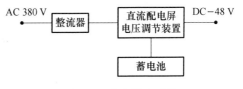

图 1-3　直流供电系统

1. 整流设备

整流设备可将交流电变换为直流电;逆变设备可将直流电变换为交流电;直流变换设备则可将一种电压的直流电变换成另一种或几种电压的直流电。整流设备、逆变设备和直流变换设备都属于换流设备。

整流设备采用高频开关整流技术,具有小型、轻量、高效、高功率因数和高可靠性等显著优点。高频开关整流器为模块化结构,在高频开关电源系统中,通常是若干高频开关整流器模块并联输出,输出电压自动稳定,各整流模块的输出电流自动平衡。高频开关整流器的机架上装有监控模块,与计算机组成自动监控系统,便于通信电源设备的智能管理。

2. 蓄电池

在通信电源中,蓄电池作为备用能源使用。蓄电池可分为采用酸性电解液(即硫酸)的铅酸蓄电池和采用碱性电解液(即苛性钾)的碱蓄电池,其中,铅酸蓄电池已由防酸式铅酸蓄电池发展到阀控密封铅酸蓄电池。

阀控密封铅酸蓄电池是一种新型的蓄电池,使用过程中无酸雾排出,不会污染环境和腐蚀设备,蓄电池可以和通信设备安装在一起,日常维护比较简便,无须加酸和加水。阀控密封铅酸蓄电池体积较小,可以立放或卧放工作,蓄电池组可以进行积木式安装,节省空间,在通信局(站)得到迅速的推广和使用。

在 −48 V 电源系统中,通常采用 24 只 2 V 蓄电池串联构成一个蓄电池组;在 −24 V 或 +24 V 电源系统中,通常采用 12 只 2 V 蓄电池串联构成一个蓄电池组。蓄电池组中每只电池的规格型号和容量应都相同。当两组蓄电池并联时,两组电池的性能应一致。

3. 直流配电屏

直流配电屏是直流供电系统中连接整流器和蓄电池,同时向通信负载供电的配电设备,屏内装有闸刀开关、自动空气断路器、接触器、低压熔断器以及电工仪表、告警保护等元器件。直流配电屏对直流电进行分配、通断控制、监测、告警和保护。在大容量的用于通信的高频开关电源系统中,直流配电屏是其中的一个独立机柜。在组合式高频开关电源设备中,有直流配电单元,没有单独的直流配电屏。

4. 直流/直流(DC/DC)变换器

DC/DC 变换器将基础电源电压(−48 V 或 +24 V)变换为各种直流电压,以满足通信设备内部电路对不同电压(±5 V、±6 V、±12 V、±15 V、−24 V 等)的需求。DC/DC 变换器能为通信设备的内部电路提供非常稳定的直流电压。

1.4　通信接地系统

为了保证通信质量并确保人身与设备的安全,通信电源的交流供电系统和直流供电系统都必须有良好的接地装置,使各种电气设备的零电位点与大地有良好的电气连接。

按照功能,通信电源接地可分为工作接地(直流电源的正极或负极接地称为直流工作接地、交流电源的中性线接地称为交流工作接地)、保护接地和防雷接地。20 世纪 80 年代以来,根据防雷等电位原则,我国的通信局(站)均采用联合接地。联合接地方式是交、直流工作接地,保护接地以及防雷接地等合用一组接地系统的接地方式。

对于−48 V 或−24 V 电源系统,电源正端必须可靠地接地,此即直流工作接地。电源设备的金属外壳必须可靠地进行保护接地。直流工作接地的接地线和保护接地的接地线应分别与接地汇聚线(或汇流排)连接。

1.5　动力环境集中监控系统

动力环境集中监控系统是整个通信电源系统的控制、管理中心,监控系统的主要任务是对系统中的各功能单元和蓄电池进行长期自动监测,获取系统中的各种运行参数和状态,根据测量数据及运行状态进行实时处理,并以此为依据对系统进行控制,实现通信电源系统的全自动精确管理,从而提高电源系统的可靠性,保证其工作的连续性和安全性。

1.6　通信电源供电要求

对通信电源供电的具体要求,主要有以下几方面。

1. 基础电源的供电质量指标

基础电源分为交流基础电源和直流基础电源两大类。

供电质量指标

(1)交流基础电源技术指标

由市电或备用发电机(含移动电站)提供的低压交流电源,称为通信局(站)的交流基础电源。低压交流电的额定电压为 220 V/380 V(三相五线制),即相电压 220 V,线电压 380 V;额定频率为 50 Hz。

当通信设备用交流电供电时,在通信设备的电源输入端子处测量,测得电压允许变动范围为额定电压值的−10%～+5%,即相电压 198～231 V,线电压 342～399 V。

当通信电源设备及重要建筑用电设备用交流电供电时,在设备的电源输入端子处测量,测得电压允许变动范围为额定电压值的−15%～+10%。

交流电的频率允许变动范围为额定值的±4%,即 48～52 Hz。

交流电的电压正弦波畸变率应不大于 5%。电压正弦波畸变率是电压谐波分量的有效值与总有效值之比。

大、中型通信局（站）应根据《全国供用电规则》的要求安装无功功率补偿装置，使之采用 100 kV·A 以下变压器时，功率因数不小于 0.85；采用 100 kV·A 以上变压器时，功率因数不小于 0.9。

此外，三相供电的电压不平衡度应不大于 4%。

（2）直流基础电源技术指标

向各种通信设备和二次变换电源设备或装置提供直流电压的电源，称为通信局（站）的直流基础电源。

现代电信系统对直流供电电压的质量要求很高，不允许电压瞬间中断，且其波动、瞬变和杂音电压应小于允许的范围。杂音电压是指整流设备及直流变换器输出电压中的脉动成分，这种脉动成分由各种频率的交流电压组成。直流供电质量标准见表 1-1。

表 1-1　直流供电质量标准

标准电压/V	电信设备受电端子上的电压变动范围/V	杂音电压/mV			供电回路全程
		电话衡重杂音	峰-峰值	宽频杂音（有效值）	最大允许压降/V
−48	−40～−57	≤2 (300～3 400 Hz)	≤200 (0～20 MHz)	≤100 (3.4～150 kHz) ≤30 (150 kHz～30 MHz)	3

2. 供电可靠性

通信电源系统的可靠性用"不可用度"来衡量。电源系统的不可用度是指电源系统故障时间与故障时间和正常供电时间之和的比，即

电源系统的不可用度＝故障时间/（故障时间＋正常供电时间）。

3. 安全供电

通信电源系统安全供电非常重要。为了保证人身、设备和供电的安全，应满足以下要求：首先，通信局（站）的电源系统应有完善的接地与防雷设施，具备可靠的过压和雷电防护功能，电源设备的金属壳体应可靠地实施保护接地；其次，通信电源设备及电源线应具有良好的电气绝缘性能，包括足够大的绝缘电阻和绝缘强度；最后，通信电源设备应具有保护与告警功能。

4. 电磁兼容性

高频开关电源等通信电源设备只有具备良好的电磁兼容性，才能在复杂的电磁环境中正常工作，且不骚扰别的设备正常运行。

电磁兼容性（Electromagnetic Compatibility，EMC）的定义是：设备或系统在其电磁

环境中能正常工作且不对该环境中的任何事物构成不能承受的电磁骚扰的能力。它有两方面的含义:一方面任何设备不应骚扰别的设备正常工作,另一方面该设备应对外来的骚扰有抵御能力,即电磁兼容性包含电磁骚扰和对电磁骚扰的抗扰度两个方面。

1.7　通信电源系统的发展趋势

1. 供电方式向分散供电发展

集中供电方式,如图 1-1 所示,即将电源设备集中安装在电力室和电池室,由集中式电源向各通信设备供电的方式。集中供电方式的电源设备远离通信负荷中心,直流输电损耗大,安装和运行费用较高,系统可靠性较差。

分散供电方式如图 1-4 所示。交流电源系统仍可采用集中供电方式,但将电源设备(整流器、蓄电池、交直流配电屏)移至通信机房内,依据通信系统的具体情况采用多种分设方法的分散供电方式,与传统的集中供电方式相比,有综合投资少、扩容方便、运行可靠、容易实现智能管理与无人值守等优点。当然,分散供电方式也有一定的缺陷:所需蓄电池的个数增多和成本加大,对交流电源可靠性、电磁兼容性、电源设备使用性能以及维护人员技术水平等均有较高的要求。

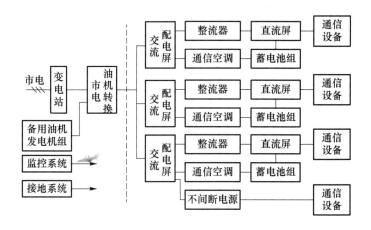

图 1-4　分散供电方式

分散供电方式对高频开关整流器的要求如下:体积小、重量轻、效率高;电磁兼容性(EMC)指标严格;交流输入电压范围广;外观结构讲究;对蓄电池组有完善的管理能力。分散供电方式对蓄电池的要求如下:体积小、重量轻、功率密度大;密封性可靠;电池槽壳抗张强度大,安全排气阀不变质;具有良好的充放电特性等。

2．交流供电系统可靠性提高

由于许多通信设备对环境温度的要求很高，因此机房空调设备的供电非常重要，此外，许多数据服务器、计费设备也需要可靠的交流电源。近年来，与交流不间断电源、通信逆变器、交流稳压电源和无人值守油机发电机组有关的技术水平迅速提高，大大地提高了交流供电的可靠性和供电质量，一旦市电中断，几分钟内，油机发电机组即可正常供电，为交流电提供了有力的技术保障。

3．电源设备与通信设备的一体化

通信设备和电源设备(包括一次和二次电源设备)装在同一机架内，由外部交流电源供电的方式，称为一体化供电方式。采用这种供电方式时，通常通信设备位于机架的上部，开关整流模块和阀控铅酸蓄电池组装在机架的下部。目前光接入单元(ONU)和移动通信基站都采用这种供电方式。在对可靠性要求较高的通信设备中，都应设置备用整流模块。

4．电源设备集中监控，实现少人值守和无人值守

通信电源系统的可靠工作越来越重要，电源维护人员必须了解各种设备的运行状况和出现的问题，以及时采取措施。电源设备的维护工作要通过远程监测与控制来完成，这就要求电源自身具有监控功能，并配有标准的通信接口，以便与后台计算机或与远程维护中心通过传输网络进行通信，交换数据，实现集中监控，从而增强维护的及时性，减少维护的工作量和人力投入，提高维护工作的效率。随着无人(少人)值守制度的推行，组合电源逆变器、整流器转换、油机启动、不间断电源全套设备都能实现自动化、系列化、标准化，满足自动监控系统的要求。另外，动力环境集中监控系统的推广和应用，促进了电源设备自动化程度的提高，维护人员可以通过监控系统查看设备的运行情况，并控制设备，改变其运行方式。

习　　题

一、选择题

1．通信机楼的低压交流电电压供电范围是(　　)。

A．−10％～＋10％　　　　　　　　　B．−15％～＋10％

C．−10％～＋15％　　　　　　　　　D．−15％～＋15％

2．380 V 市电电源受电端子上的电压变动范围是(　　)。

A．342～418 V　　　　　　　　　　　B．300～418 V

C.　323～400 V　　　　　　　　　　　　D.　323～418 V

3.　将低压交流电源转换成直流电源的设备是(　　)。

A.　整流设备　　　　　　　　　　　　B.　逆变器

C.　UPS　　　　　　　　　　　　　　D.　配电屏

4.　将直流电压变成交流电压的是(　　)。

A.　整流器　　　　　　　　　　　　　B.　逆变器

C.　充电器　　　　　　　　　　　　　D.　交流稳压器

5.　交流电的电压正弦波畸变率应小于(　　)。

A.　3％　　　　　　B.　4％　　　　　　C.　5％　　　　　　D.　6％

6.　通信电源系统由交流供电系统、(　　)供电系统和接地系统组成。

A.　防雷　　　　　B.　直流　　　　　C.　交流　　　　　D.　稳压

7.　直流供电系统向各种通信设备提供(　　)。

A.　交流电源　　　B.　直流电源　　　C.　交直流电源　　D.　其他

8.　交流供电系统由(　　)等组成。

A.　专用变电站　　　　　　　　　　　B.　市电油机转换屏

C.　交流配电屏　　　　　　　　　　　D.　备用发电机组

E.　直流配电屏

9.　直流供电系统由(　　)组成。

A.　整流设备　　　　　　　　　　　　B.　蓄电池组

C.　直流配电设备　　　　　　　　　　D.　逆变器

二、综合题

1.　通信电源在通信中的地位和作用是什么?

2.　通信电源系统由哪几部分组成?

3.　通信设备对电源系统提出的要求有哪些?

第2章 高低压交流配电系统维护

2.1 相关知识

电力系统组成

2.1.1 交流供电系统概述

电力系统是由发电厂、电力线路、变电站、电力用户组成的供电系统。通信局(站)属于电力系统中的电力用户。市电从生产到引入通信局(站),通常要经历输送、变换和分配等3个环节。

在电力系统中,各级电压的电力线路以及相关联的变电站称为电力网,简称电网。通常根据电压等级及供电范围大小来划分电网种类:一般电压在 10 kV 以上到几百千伏且供电范围大的电网称为区域电网;由几个城市或地区的电网组成的大电网,称为国家级电网;电压在 35 kV 以下且供电范围较小,单独由一个城市或地区建立的发电厂对附近的用户供电,而不与国家电网关联的电网称为地方电网;包含配电线路和配电变电站,电压在 10 kV 以下的电力系统称为配电网。

我国发电厂发电机组的输出额定电压为 3.15～20 kV,为了减少线路能耗和压降,节约有色金属和降低线路的工程造价,电压必须经发电厂中的升压变电所升压至 35～500 kV,再由高压输电线输送到受电区域变电所,降压至 10 kV,最后经高压配电线送到用户配电变电所降压至 380 V 低压,供用电设备使用。从发电厂到用户的送电过程如图 2-1 所示。

电力系统的供电质量要求和电压标准:在电能的传送和分配过程中,要求电力系统供电安全可靠,停电次数少而且停电时间短,电压变动小,频率变化小,波形畸变小等。

我国规定,10 kV 及以下配电网的低压电力设备的额定电压偏差范围为±7％额定电压值,低压照明用户为－10％～＋5％额定电压值,频率为(50±0.5)Hz,正弦波畸变率极限小于 5％。

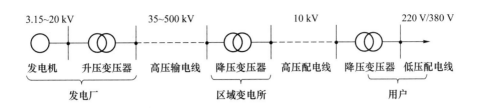

图 2-1　从发电厂到用户的送电过程示意图

对于电信局(站)中的配电变压器,其一次线圈额定电压为高压配电网电压,即 6 kV 或 10 kV;因其供电线路距离较短,二次线圈额定电压一般选 400 V/230 V;用电设备受电端电压为 380 V/220 V。

一般规定低压指额定电压为 1 000 V 及以下,高压指额定电压在 1 000 V 以上,超高压指 220 kV 或 330 kV 以上,特高压指 1 000 kV 及以上。我国目前采用的输电标准电压有 35 kV、110 kV、220 kV、330 kV、500 kV,配电标准电压有 10 kV、6 kV。

根据通信局(站)的需用功率,县级以上城市的通信局(站)常采用两路或一路 10 kV 的高压市电电源供电,县级城市及以下的小容量通信局(站)采用 220 V/380 V 的低压市电电源供电。移动通信基站根据具体情况,由 10 kV 高压或低压市电供电。

2.1.2　交流高压配电系统

1. 交流高压配电系统组成

交流高压配电系统由高压供电线路、高压配电设备及电力变压器(又称配电变压器)组成。较大的通信局(站)、长途通信枢纽大楼为保证高质量的稳定市电,以及满足供电规范的要求,一般都由市电高压电网供电。为保证供电的可靠性,通常从两个不同的变电站引入两路高压,其运行方式为用一、备一,并且不实行与供电局建立调度关系的调度管理,同时要求两路电源开关(或母联开关)之间加装机械联锁或电气联锁装置,以避免误操作或误并列。为控制两路高压电源,常采用成套的高压开关柜,根据进出线方案、电路容量、变压器台数和保护方式先用若干一次线路方案的高压开关柜组成高压供电系统。如图 2-2 所示,来自两个不同供电局变电站的两路高压经户外隔离开关、电流互感器、高压断路器接到高压母线,然后经隔离开关、计量柜、避雷器柜、出线柜接到降压变压器。

2. 高压配电方式

高压配电方式,是指从区域变电所将 10 kV 高压送至企业变电站(所)及高压用电设备的接线方式。高压配电网的基本接线方式有 3 种——放射式、树干式及环状式。

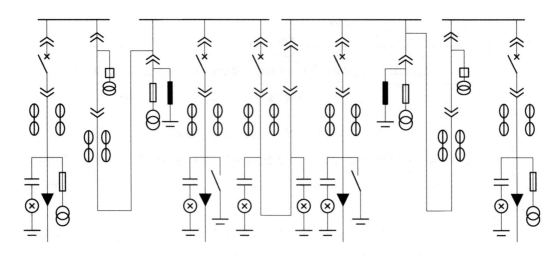

图 2-2　10 kV 高压系统图

（1）放射式配电方式

放射式配电方式就是从区域变电所的 10 kV 母线上引出一路专线，直接接至通信局（站）的变电站（所）的配电方式，沿线不接其他负荷，各用户变电站（所）之间无联系，如图 2-3 所示。放射式配电方式线路敷设简单，维护方便，供电可靠，不受其他用户干扰，但投资较大，适用于一级负荷。

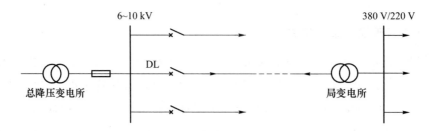

图 2-3　放射式配电方式

（2）树干式配电方式

树干式配电方式是指由区域变电所引出的各路 10 kV 高压干线沿市区街道敷设，各中小企业变电所都从干线上直接引入分支线供电的配电方式，如图 2-4 所示。这种高压配电方式的优点是区域变电所 10 kV 的高压配电装置数量减少，投资相应地减少；缺点是供电可靠性差，只要干线线路上任一段发生故障，线路上各用户的变电站（所）都将断电。

（3）环状式配电方式

环状式配电方式如图 2-5 所示，其优点是运行灵活，供电可靠性较高，当线路的任何地方出现故障时，在短时间停电后，只要将故障侧的开关断开，切断故障点，便可恢复供电。为了避免环状线路上发生故障时影响整个电网，通常将环状线路中的某个开关（如图 2-5 中点 N）断开，使环状线路呈"开环"状态。

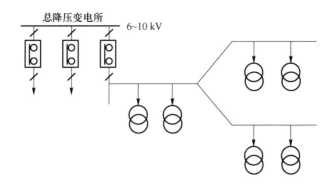

图 2-4　树干式配电方式

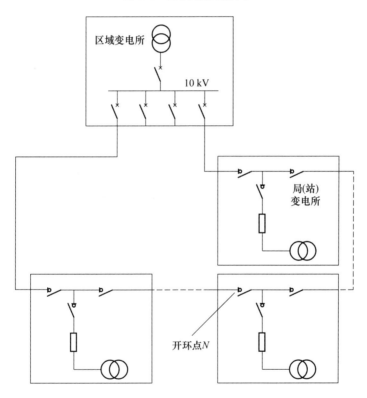

图 2-5　环状式配电方式

由双路电源供电的用户和 35 kV 及以上电压供电的用户,其运行方式由电力调度部门实行统一调度。

3. 用户变、配电所的主接线

变电站(所)主接线,是指按照一定的顺序和规程要求,连接变配电一次设备,表示供电分配的路径和方式的一种电路形式,也可称为一次接线。它直观地表现了变电站(所)的结构特点、运行性能、使用电气设备的多少及前后安排等,是选择电气设备及确定配电装置安装方式的依据,也是运行人员进行各种倒闸操作和事故处理的重要依据,对变电

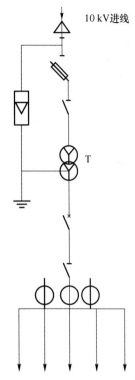

10 kV进线

T

图 2-6 单母线接线方式

站(所)的安全运行、电气设备的选择、配电设备的布置和供电质量有非常重要的意义。用图形和符号表示电力变压器、断路器、隔离开关、避雷器、互感器、电容器、母线、电力电缆等设备的配置和连接关系的接线图称为电气主接线图,电气主接线图通常以单线图的形式表示。主接线的基本形式有单母线接线、双母线接线、桥式接线等多种。

根据现有通信局(站)的高压供电方式,这里着重介绍 10 kV 供电的两种常用主接线方式。10 kV 供电用户的变、配电所的主接线多采用线路变压器组或单母线接线方式(如图 2-6 所示)。10 kV 容量为 160～600 kV·A 的工企用电单位的变、配电所多采用高供低量的供电方式,即高压供电,在低压侧计量(应加计变压器损失)。对于这种供电方式的用户常采用单母线接线方式的主接线系统。

受电变压器总容量超过 600 kV·A 的中型企业的变、配电所可采用单路电源供电,单母线用隔离开关或断路器分段的主接线方式。另有双路电源供电,两台变压器采用单母线用断路器分段的主接线方式,采用这种方式接线的变、配电所适用于容量1 000 kV·A 及以上的双路供电的企业,供电可靠,运行方式灵活,倒闸操作方便,通信系统大型局(站)常采用这种主接线方式(如图 2-7 所示)。

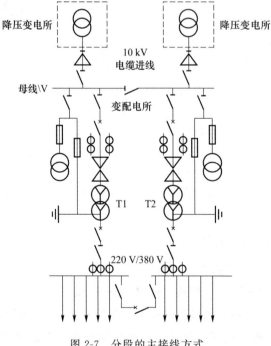

降压变电所 降压变电所

10 kV 电缆进线

母线\V

变配电所

T1 T2

220 V/380 V

图 2-7 分段的主接线方式

4．高压电器

高、低压电器，一般是根据工作电压来划分的。交流条件下高、低压电器的分界线是 1 kV(直流则为 1 500 V)，1 kV 以上为高压电器，1 kV 及以下为低压电器。高压电器是在高压线路中用来实现关合、分断、保护、控制、调节、量测的设备。

在通信电源的交流供电系统中，高压电器的种类很多，归纳起来主要分以下 3 种。

1) 高压开关电器

高压开关电器主要用于高压交流配电系统，要求工作可靠。高压开关电器是主要用来关合与分断正常电路和故障电路，或用来隔离电源、实现安全接地的一种高压电气设备，它能分断高压交流电源，在正常负荷下控制系统的通与断。这类高压电器有高压隔离开关、高压断路器、高压负荷开关等。

(1) 高压隔离开关

高压隔离开关用来隔离电路或电源，在闭合位置时能承载正常电流及规定的短路电流，有时能分断很小的电容电流及容量不大的变压器的空载电流，有时能开合母线转换电流。高压隔离开关也能用来隔离检修设备与高压电源。当电气设备进行检修时，操作隔离开关使待检修的设备与同电压的其他部分呈明显的隔离状态。

高压隔离开关在分闸位置时，被分离的触头之间有可靠、绝缘的明显断口；在合闸位置时，能可靠地承载正常工作电流和短路故障电流。它不是用来分断和关合所承载的电流的，而是主要为了满足检修和改变线路连接的需要，用来对线路设置一种可以开闭的断口。

高压隔离开关的具体用途如下。

① 检修与分段隔离

利用隔离开关断口的可靠绝缘能力，使需要检修或分段的线路与带电的线路隔离。为确保检修工作的安全，由接地开关在分闸后将隔离开关的一端接地。

高压隔离开关

② 倒换母线

在断口两端接近等电位的条件下，带负荷进行分闸、合闸，变换双母线或其他不长的并联线路的接线。

③ 分、合带电电路

利用隔离开关断口分开时在空气中自然熄弧的能力，来分合很小的电流，例如分合套管、母线、不长的电缆等的充电电流以及用于测量的互感器或分压器等的电流。

④ 自动快速隔离

快速隔离开关具有自动快速分开断口的性能，这类高压隔离开关在一定的条件下与快速接地开关、上一级断路器联合使用，能迅速地隔开已发生故障的设备，起到防止故障扩大和减少断路器使用数量的作用。

高压隔离开关无特殊的灭弧装置，因此它的接通与切断不允许在有负荷电流的情况下进行,否则断开隔离开关时产生的电弧会烧毁设备,甚至造成短路故障。所以,需要接通或断开隔离开关时,应先将高压电路中的断路器分断之后才能进行。典型的高压隔离开关如图 2-8 所示。

图 2-8　高压隔离开关

（2）高压断路器

额定电压为 3 kV 及以上,能够关合、承载和分断运行状态的正常电流,并能在规定时间内关合、承载和分断规定的异常电流(如短路电流、过负荷电流)的开关电器称为高压断路器。它不仅能关合、分断正常的负荷电流,也能开合故障电流,且当发生短路故障(或其他异常运行状态如欠压、过流等)时可以实现自动分闸、自动重合闸。因此高压断路器是一种多功能的自动开关。高压断路器如图 2-9 所示。

高压断路器

图 2-9　高压断路器

高压断路器在电力系统中起着两方面的作用:一是控制作用,即根据电力系统的运行需要,使一部分电力设备或线路投入或退出运行;二是保护作用,即在电力设备或线路发生故障时,通过继电保护装置作用于断路器,将故障部分从电力系统中迅速切除,保证电力系统无故障部分的正常运行。

高压断路器具有以下功能。

① 导电

在正常的闭合状态时应为良好的导体,不仅对正常的电流,而且对规定的短路电流也应能承受其发热和电动力的作用,保持可靠的接通状态。

② 绝缘

相与相之间、相对地之间及断口之间具有良好的绝缘性能,能长期耐受最高工作电压,短时耐受大气过电压及操作过电压。

③ 分断

在闭合状态的任意时刻,应能在不发生危险过电压的条件下,在尽可能短的时间内安全地分断规定的短路电流。

④ 关合

在分断状态的任意时刻,应能在断路器触头不发生熔焊的条件下,在短时间内安全地关合规定的短路电流。

高压断路器按其所采用的灭弧介质,可分为下列几种类型。

① 油断路器

采用变压器油作为灭弧介质的断路器,称为油断路器。如断路器的油兼作分断后的绝缘介质和带电部分与接地外壳之间的绝缘介质,称为多油断路器;油仅作为灭弧介质和触头分断后的绝缘介质,而带电部分对地的绝缘介质采用瓷或其他介质的,称为少油断路器(又称油开关)。多油断路器主要用在无须频繁操作及不要求高速分断的各级电压电网中。少油断路器,属于户内式高压断路器,是高压开关设备中最重要、最复杂的一种设备,既能切断负载又能自动保护,广泛地应用于发电厂和变电所的高压开关柜内。

② 六氟化硫(SF_6)断路器

SF_6 断路器用 SF_6 气体作为灭弧介质。SF_6 气体是理想的灭弧介质,它具有良好的热化学性与强负电性,具有优良的灭弧性能和绝缘性能,在电力系统中广泛应用,适用于需要频繁操作及要求高速分断的场合。SF_6 断路器如图 2-10 所示。

图 2-10　SF_6 断路器

③ 真空断路器

利用真空的高介质强度来灭弧的断路器,称为真空断路器。断路器分断时,在由真空灭弧室的触头材料产生的金属蒸汽中燃烧的电弧简称为真空电弧。真空断路器现已大量地应用在 7.2～40.5 kV 电压等级的供(配)电网络上,也广泛用于需要频繁操作及要求高速分断的场合,但在沿海地区使用时,应注意防凝露,因为凝露会使断路器灭弧室的灭弧能力下降。

ZNL 系列三相户内高压真空断路器(以下简称断路器)可用于额定频率 50 Hz,额定电压 6～12 kV,额定电流 630 A,额定短路分断电流 12.5 kA 的电力系统中,作为高压电气设备的控制和保护开关。断路器主要由操作机构、真空灭弧室、绝缘框及绝缘子等组成,整个布局呈立体形。图 2-11 所示为 ZN28(A)-12 系列户内高压真空断路器。

真空灭弧室的灭弧原理:灭弧室里有一对动、静导电触头,触头合上和分开,形成通断。断路器大电流的分断是否成功,关键在于电流过零后,触头间的绝缘恢复速度是否比电压恢复速度快。实践证明,真空中的绝缘恢复之所以快,是因为在燃弧过程中所产生的金属蒸汽、电子和离子能在很短的时间内扩散,并被吸附到触头和屏蔽罩等表面上,当电流自然过零时,电弧就熄灭了,触头间的介质强度迅速恢复起来。

(3) 高压负荷开关

高压负荷开关(如图 2-12 所示)是指能关合、分断及承载运行线路的正常电流(包括规定的过载电流),并能关合和承载规定的异常电流(如短路电流)的开关设备。按灭弧介质或灭弧方式分类,主要有产气、压气(空气)、SF_6 和真空等类别。高压负荷开关的分类与特点见表 2-1。

高压负荷开关

图 2-11　ZN28(A)-12 系列户内高压真空断路器

图 2-12　高压负荷开关

表 2-1　高压负荷开关的分类与特点

类别		适用电压范围/kV	特　点
空气中	产气式	6～35	结构简单,分断性能一般,有可见断口,参数偏低,电寿命短,成本低
	压气式	6～35	结构简单,分断性能好,有可见断口,参数偏低,电寿命中等,成本低
	六氟化硫	6～220	适用范围广,参数高,电寿命长,成本偏高
	真空	6～35	参数高,电寿命长,成本偏高
SF_6 气体绝缘开关设备中	六氟化硫	6～220	外形尺寸小,参数高,电寿命长,成本较高,只能用于 SF_6 气体中

2）高压保安电器

高压保安电器主要用于交流高压配电系统。配电系统对高压保安电器的要求是当线路发生过载、短路、过电压故障时，它能够对电源设备起到保护作用。这类电器主要有高压熔断器、避雷器。高压熔断器按使用场合可分为户内管式熔断器和户外跌落式熔断器。避雷器有阀式避雷器和管式避雷器。通信电力系统采用阀式避雷器，阀式避雷器按工作电压等级可分为高压阀式避雷器和低压阀式避雷器。

高压熔断器

（1）高压熔断器

熔断器俗称保险。高压熔断器是电力系统中消除过载和短路故障的保护设备，是当电流超过给定值一定时间后，通过熔化一个或几个特殊设计和配合的组件，用分断电流来切断电路的器件。高压熔断器具有结构简单、体积小、价格便宜、维护方便、保护动作可靠和消除短路故障时间短等优点；但也有不能分合操作、动作后需更换熔断件、易造成缺相供电等不足之处。

跌落式熔断器是一种在熔断器动作后，载熔件自动跌落到一个位置以提供隔离功能的熔断器，主要用于户外装置。为了满足自动跌落的要求，载熔件上必须设置可拉紧固定的活动关节部分。跌落式熔断器如图 2-13 所示。

图 2-13　跌落式熔断器

（2）避雷器

避雷器是连接在电力线路和大地之间，使雷云向大地放电，而保护电气设备的器具。避雷器的作用是当雷电高电压或操作过电压来电时，使其急速地向大地放电，当电压降到发电机、变压器或线路的正常运行电压时，则停止放电，以防止正常电流向大地流通，用来限制过电压，使电力系统中的电气设备免受大气过电压和内部过电压的危害，是一种泄能装置。简单的避雷器主要有保护间隙，以及管形避雷器、阀式避雷器、磁吹避雷器；较新的有保护特性比较好的六氟化硫避雷器和氧化锌避雷器。六氟化硫避雷器和氧化锌避雷器如图 2-14 所示。

(a) 六氟化硫避雷器

(b) 氧化锌避雷器

图 2-14　避雷器

金属氧化物避雷器(又称氧化锌避雷器)一般可分为无间隙和有串联间隙两类。无间隙氧化锌避雷器的阀片具有优异的非线性电压-电流特性,高电压导通,低电压不导通,不需要串联间隙,可避免传统避雷器因火花间隙放电特性变化而带来的缺点。氧化锌避雷器具有保护特性好、吸收过电压能量大、结构简单的特点。

阀式避雷器主要由瓷套、火花间隙和阀电阻片组成。阀式避雷器的优点是运行经验成熟,缺点是密封不严,易进潮失效,甚至引发爆炸。正常情况下火花间隙有足够的绝缘强度,不会被正常的系统运行电压击穿;当有雷击过电压或者操作过电压时,火花间隙就会被击穿放电。雷电压作用在阀电阻片上,电阻值会变得很小,把雷电流泄入大地。之后,当作用在阀式避雷器上的电压为正常运行电压时,电阻就变得很大,限制工频电流通过,因此线路又恢复了正常的对地绝缘。

3)高压测量电器

高压测量电器用来将高压电网的电压、电流降低或变换至仪表允许的测量范围内,以便进行测量。这类高压电器有电压互感器和电流互感器,一般这两种电器安装在高压开关柜内,与电压表、电流表配合进行测试。

避雷器与互感器

(1)电流互感器

电流互感器用来转换和测量线路、母线的电流,以供计量与保护用。传统的电流互感器有油纸绝缘电磁式电流互感器,后来又有环氧浇注电流互感器、SF_6电流互感器、光电式电流互感器。为满足机电一体化设备的需要,现在已有具有线性功能的电流互感器。

电流互感器是电力系统内将电网中的高压信号变换为小电流信号,从而为系统的计量、监控、继电保护、自动装置等提供统一、规范的电流信号(传统为模拟量,现代为数字量)的装置,同时也是满足电气隔离,确保人身和电气安全的重要设备。

电流互感器是组成二次回路的电器,通常用于主回路电流大于电表承受能力的情况下。一般电表承受的电流为5 A,当主回路电流大于5 A时就使用电流互感器将主回路电流等比例缩小——就是所谓的变比。

电流互感器使用注意事项:(1)运行中的电流互感器的二次侧决不允许开路,在二次侧不能安装熔断器、刀开关;(2)安装电流互感器时,应将电流互感器二次侧的一端(一般是K2)、铁芯、外壳作可靠接地,以防止一、二侧绕组因绝缘损坏,一次侧电压串至二次侧,危及工作人员的安全。电流互感器如图2-15所示。

(2)电压互感器

电压互感器用来测量线路的电压,以供计量和继电保护用。传统的电压互感器是油纸绝缘电磁式。目前在高压、超高压范围内则使用重量轻、体积小的电容式电压互感器电压互感器如图2-16所示。

电压互感器在运行中一定要保证二次侧不能短路,因为其在运行时是一个内阻极小的电压源,正常运行时负载阻抗很大,相当于开路状态,二次侧仅有很小的负载电流,若二次侧短路,负载阻抗为零,将产生很大的短路电流,强烈的发热会将互感器烧坏,甚至导致设备爆炸。

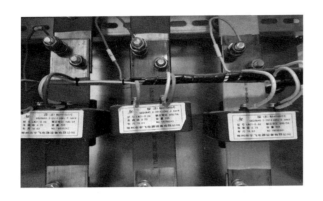

图 2-15　电流互感器

图 2-16　电压互感器

5. 高压开关柜

高压开关柜(如图 2-17 所示)主要由高压进线隔离柜、高压进线柜、计量柜、变压器柜、母线隔离柜、联络柜、PT 柜(电压互感器柜)、电流互感器、避雷设备(避雷器)、接地开关柜、直流屏、中央信号屏、高压母线、变压器、环网柜等组成。高压开关柜的组成如图 2-18 所示。双路市电大容量一次高压开关柜接线如图 2-19 所示。

(1)高压进线隔离柜

高压进线隔离柜主要采用手车式隔离柜,内置高压隔离开关,是电气系统中重要的开关电器,主要功能是保证高压电器及装置在检修工作中的安全,在高压进线处起隔离电压的作用。

高压开关柜

图 2-17　高压开关柜

21

高压进线隔离柜不能用于切断、投入负荷电流和断开短路电流,仅可用于不产生强大电弧的某些切换操作,不具有灭弧功能,隔离柜不能单独工作,必须与高压断路器配合使用。

（2）高压进线柜

高压进线柜内有高压断路器,是变配电室主要的电力控制设备,具有灭弧特性。当系统正常时,它能切断和接通线路及各种电气设备的空载和负载电流;当系统发生故障时,它和继电保护配合,能迅速切断故障电流,以防止事故发生。

（3）计量柜

计量柜内安装有各类计量仪表,如电能量采集器、三相三线电子式多功能电能表、高压峰谷表。计量柜的作用是计量实际电能的消耗量。

（4）变压器柜

变压器柜的作用与高压进线柜类似,主要是切断和接通变压器的空载和负载电流及切断变压器故障、短路等事故电流。

注意:向高压电动机等用电设备供电的柜子叫作高压出线柜。

（5）母线隔离柜

母线隔离柜的基本结构与进线隔离柜相同,其作用也基本与进线隔离柜相同,即在两路高压电源间形成明显的断开点。

（6）联络柜

联络柜的基本结构与高压进线柜相同,其作用也与高压进线柜相同,主要是切断和接通两路电源之间高压母线的空载和负载电流及切断高压母线之间的故障、短路等事故电流。

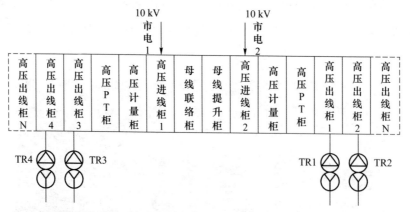

注:"高压进线柜 1"与"高压进线柜 2"应设置电气、机械互锁。

图 2-18　高压开关柜组成示意图

（7）PT 柜

PT 柜主要由 PT 手车组成,内置电压互感器,其作用是将 10 kV 电压变换成 0.1 kV 电压,可向继电保护和计量仪表供电,也可以通过电压互感器为操作系统提供工作电源。

（8）电流互感器

电流互感器的工作原理与变压器相似,是用来交换交流电流的仪器,用于测量比较大的电流,向测量仪表、继电器的电流线圈供电,反映设备和网络的正常运行和故障情况。

（9）避雷设备

安装避雷设备后,如果有过电压,其将动作,使高压开关柜的电压控制在安全范围内,从而保护高压电器设备的安全。

（10）接地开关柜

接地开关柜内置接地刀闸,是用来将回路接地的一种机械式开关装置。它能够给变压器进线开关的出线侧提供接地保护,以及为用户变压器维修、保养提供安全的接地保护。

（11）直流屏

直流屏由交流电源、整流装置、充电(稳流＋稳压)机、蓄电池组、直流配电系统组成,其作用是给配电室内的高压设备和二次回路提供操作、测量、保护等电源。

（12）中央信号屏

中央信号屏采用智能微机控制报警装置,可以提供 10 kV 所有开关和 0.4 kV 主开关及母联开关的位置指示信号,实现全部开关柜的事故及预告信号的音响提示及光字显示,提示(显示)的信号包括各断路器非操作掉闸事故信号及直流系统故障、熔断器熔断、变压器温度过高、变压器风机启动的预告信号等。

（13）高压母线

高压母线由铜质导电体、连接螺栓等组成,其作用是汇集、分配电能。

（14）变压器

变压器在变配电室内起变换电压的作用,将 10 kV 电压变换成 0.4 kV 电压,以适应用户的需要。

（15）环网柜

环网柜由高压负荷开关、熔断器、表计组成,在一些用电量较小的建筑物内,作为高压柜使用。高压配电模式:两路 10 kV 高压市电引入,变压器容量为 630 kV·A 以上,宜配置高压中置柜。当通信枢纽楼近期不能满足两路市电引入时,在考虑机房空间的具体情况下,应预留另一路市电引入和另一套变压器输出柜的位置,且建设初期高压引入线应按终期考虑采用电力电缆截面。

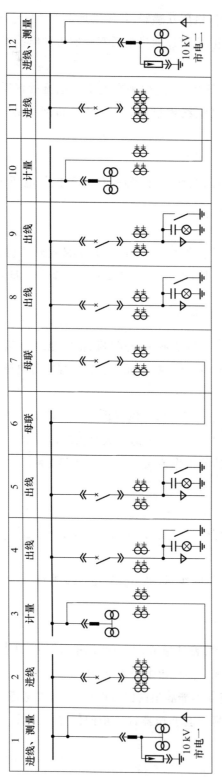

图 2-19　双路市电大容量一次高压开关柜接线

6. 变压器

（1）概述

变压器是一种变换电压的静止电器，它是靠电磁感应原理，把某种频率的电压变换成同频率的另一种或多种数值不等（或相等）电压的功率传输装置，可以使电压满足不同负荷的需要。当多个电站联合起来组成一个电力系统时，除需要输电线路等设备外，还要依靠变压器把各种电压不相等的线路连接起来，形成一个系统，所以变压器是不可缺少的电气设备。现有的通信局（站）的低压配电系统基本通过 10 kV/400 V 的变压器受电。高压变压器柜及变压器结构分别如图 2-20 和图 2-21 所示。

图 2-20　高压变压器柜

图 2-21　变压器结构

（2）变压器的工作原理

变压器是根据电磁感应原理工作的。图 2-22 是单相变压器的原理图，其基本工作原理为当一次侧绕组上加上电压 U_1 时，流过电流 I_1，在铁芯中就产生交变磁通 Φ_1，这些磁通称为主磁通，在主磁通的作用下，两侧绕组分别产生感应电势 E_1，E_2。感应电势的公式为 $E = 4.44 f N \Phi_\mathrm{m}$，式中：$E$ 为感应电势有效值；f 为频率；N 为匝数；Φ_m 为主磁通最大值。

变压器

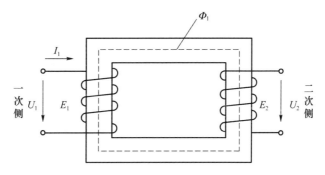

图 2-22　单相变压器原理图

由于二次绕组与一次绕组的匝数不同，感应电势 E_1 和 E_2 大小也不同，所以当略去内阻抗压降后,电压 U_1 和 U_2 的大小也就不同。

当变压器二次侧空载时,一次侧仅流过主磁通的电流(I_0),这个电流称为励磁电流。当二次侧所加负载流过负载电流 I_2 时,铁芯中也产生磁通,力图改变主磁通,但当一次侧电压不变时,主磁通是不变的,这样一次侧就要流过两部分电流,一部分为励磁电流 I_0,另一部分为用来平衡的电流 I_2,所以一次侧电流随着 I_2 的变化而变化。电流乘以匝数,就是磁势。

上述的电流的平衡作用实质上是磁势平衡作用,变压器就是通过磁势平衡作用来实现一、二次侧的能量传递。

(3)变压器的主要技术参数

① 额定电压 U_{1N}/U_{2N}

额定电压的单位为 V 或者 kV。U_{1N} 为正常运行时一次侧应加的电压,U_{2N} 为一次侧加额定电压、二次侧处于空载状态时的电压。三相变压器中,额定电压指的是线电压。

② 额定容量 S_N

额定容量的单位为 V·A/kV·A/MV·A 。S_N 为变压器的视在功率。通常把变压器一、二次侧的额定容量设计为相同。

③ 额定电流 I_{1N}/I_{2N}

额定电流的单位为 A/kA,是变压器正常运行时所能承担的电流,在三相变压器中均指线电流。

④ 额定频率 f_N

额定频率的单位为 Hz,$f_N=50$ Hz,此外,变压器铭牌上会给出三相联结组以及相数 m、阻抗电压 U_k、型号、运行方式、冷却方式、重量等数据。

(4)油浸式变压器

油浸式电力变压器在运行时,绕组和铁芯的热量先传递给油,然后通过油传递给冷却介质。油浸式电力变压器的冷却方式,按容量的大小,可分为以下几种:自然油循环自然冷却(油浸自冷式)、自然油循环风冷(油浸风冷式)、强迫油循环水冷却、强迫油循环风冷却。变压器油的作用是绝缘、散热、灭弧。油浸式变压器应特别注意防火安全。油浸式变压器的安全隐患为雷击、接地不良。油浸式变压器如图 2-23 所示。

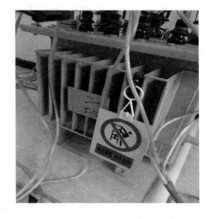

图 2-23　油浸式变压器

油浸式变压器采用密封结构,使变压器油和周围空气完全隔绝,从而提高了变压器的可靠性。目前,主要的密封形式有空气密封、充氮密封和全充油密封。全充油密封型变压器应用广泛。油浸式变压器的主要部件是绕组和铁芯(器身),绕组是变压器的电路,铁芯是变压器的磁路,二者构成变压器的核心即电磁部分。除了电磁部分,油浸式变压器还包括油箱、油枕、绝缘套管、调压和保护装置等部件。油浸式变压器的主要部件如下。

① 铁芯

变压器铁芯的作用是构成磁路以利于导磁,并增强磁场以获得预定的感应电势。为了减少涡流与磁滞损耗,提高磁导率,变压器的铁芯由许多涂有绝缘体的、导磁性能好的薄硅钢片(厚 0.35～0.5 mm)叠成。

② 绕组

绕组一般由绝缘扁铜线或圆铜线在绕线模上绕制而成。绕组套装在变压器铁芯柱上,低压绕组在内层,高压绕组套装在低压绕组外层,低压绕组和铁芯之间、高压绕组和低压绕组之间用绝缘材料做成的套筒分开,从而便于绝缘。

③ 变压器油

变压器油的成分主要是环烷烃、烷烃和芳香烃,相对介电常数 ε 在 2.2～2.4 之间。纯净的变压器油耐电强度很高,可达 4 000 kV/cm,但是工程上用的净化的变压器油耐电强度只能达到(50～60 kV)/2.5 mm。变压器油具有很好的绝缘性能。变压器油有两个作用:一是在变压器绕组与绕组、绕组与铁芯及油箱之间起绝缘作用;二是变压器油受热后产生对流,对变压器铁芯和绕组起散热作用。在变压器运行过程中需经常对变压器油进行检查、试验,并及时进行清理(滤油等)。常用的变压器油有 10 号、25 号和 45 号 3 种规格,该标号表示油在零摄氏度以下开始凝固时的温度,例如"25 号"油表示这种油在零下 25 ℃时开始凝固。应根据当地的气候条件选择油的规格。

④ 油箱

变压器器身装在油箱内,油箱内充满变压器油。油箱内有许多散热油管,用来增大散热面积。为了加快散热,有的大型变压器内部采用油泵强迫油循环,外部用变压器风扇吹风或用自来水冲淋变压器油箱,这些都是变压器的冷却措施。

⑤ 油枕

油枕也称储油柜,装在油箱的顶盖上。油枕的体积是油箱体积的 10％左右。油枕和油箱之间有管子连通。当变压器的体积随着油的温度变化而膨胀或缩小时,油枕起储油和补油的作用,保证铁芯和绕组浸在油内;同时由于装了油枕,减小了油和空气的接触面,降低了油的劣化速度。

油枕侧面有油标,在玻璃管的旁边有油温为－30 ℃、＋20 ℃和＋40 ℃时的油面高度标准线,表示未投入运行的变压器应该达到的油面;标准线可以反映变压器在不同温度下运行时油量是否充足。油枕上装有呼吸孔,使油枕上部空间和大气相通。当变压器油热胀冷缩时,油枕上部的空气可以通过呼吸孔出入,油面可以上升或下降,防止油箱变形甚至损坏。

⑥ 呼吸器

呼吸器的主要作用是干燥和过滤油枕上部和大气相通的空气中的水分和杂质,以保证变压器内的绝缘油具有良好的性能。呼吸器内的硅胶在干燥情况下呈浅蓝色,当吸潮达到饱和状态时,渐渐地变为淡红色,这时将硅胶取出,在 140 ℃高温下烘焙 8 h,即可使其恢复原色,仍然保持原有的性能,继续使用。

⑦ 高、低压绝缘套管

高、低压绝缘套管是变压器箱外的主要绝缘装置,大部分变压器采用瓷质绝缘套管。变压器通过高、低压绝缘套管,把变压器高、低压绕组的引线从油箱内引至油箱外,使变压器绕组对地(外壳和铁芯)绝缘。高、低压绝缘套管还是连接固定引线与外电路的主要部件。高压瓷套管比较高大,低压瓷套管比较矮小。

⑧ 气体继电器

气体继电器主要是应对变压器内部故障的一种保护装置。气体继电器装于变压器油箱与油枕的连接管中间,与控制电路连通,构成瓦斯保护装置。气体继电器上接点与轻瓦斯信号构成一个单独回路,下接点连接外电路构成重瓦斯保护,重瓦斯动作将使高压断路器跳闸并发出重瓦斯动作信号。

⑨ 防爆管

防爆管是变压器的一种安全保护装置,装于变压器大盖上面。防爆管与大气相通,管口用玻璃密封,玻璃上刻有"＋"字。当发生故障时,热量会使变压器油汽化,触动气体继电器发出报警信号或切断电源。如果是严重事故,变压器油大量汽化,油汽会冲破安全气道管口的密封玻璃,冲出变压器油箱,以避免油箱爆裂。

⑩ 分接开关

分接开关是变压器高压绕组改变抽头的装置,调整分接开关的位置,可以增加或减少一次绕组部分的匝数,以改变电压比,使输出电压得到调整。6～10 kV 双绕组电力变压器使用较多的是三相星形中性点改变抽头的调压方法。

(5) 干式变压器

相对于油浸式变压器,干式变压器因没有油,也就没有火灾、爆炸、污染等问题,故电气规范、规程等均不要求干式变压器单独置于房间内。特别有些干式变压器,其损耗和噪声降到了一定的水平,更为变压器与低压屏置于同一配电室内创造了条件。干式变压器主要有浸渍绝缘干式变压器和环氧树脂绝缘干式变压器两类。干式变压器的结构如

图 2-24 所示。

图 2-24　干式变压器的结构

干式变压器的安全运行和使用寿命,很大程度上取决于变压器绕组绝缘是否安全可靠。绕组温度超过绝缘耐受温度致使绝缘破坏,是导致变压器不能正常工作的主要原因之一,因此对变压器运行温度的监测及报警控制是十分重要的。

2.1.3　交流低压配电系统

通信电源所指的交流低压电源即 380 V 电源。一个局内的低压供电系统一般遍布整个大楼,它包括低压配电室内作为一级配电的一系列低压配电柜,在各楼层和各机房内,还有用来完成末端配电工作的二级配电屏。低压配电设备是将由电力变压器输出的低电压电源或直接由市电引入的低电压电源进行配电,用作市电的通断、切换控制和监测,并保护接到输出侧的各种交流负载的设备。低压配电系统要完成进线、避雷、补偿、测量、计量、出线、联络等功能。

低压配电设备由低压开关、空气断路开关、熔断器、接触器、避雷器和各种用于监测的交流电表及控制电路等组成,主要功能如下。

① 具有交流电源引入,能进行主/备用电源和发电机组自动/人工的转换;具备电气和机械联锁,采用带中间位的自动转换开关(Automatic Transfer Switch,ATS)、双掷刀闸或双空气断路器实现联锁。

② 输出分路的容量可根据不同用电设备的需求进行分配。

③ 具有过压、欠压、缺相等告警功能以及过流、防雷等保护功能。

④ 实时监测供电质量和交流屏自身的工作状态,如三相电压、电流值,市电供电状态,主要分路输出状态等,并传送给监控模块。

通信局(站)的低压交流供电系统由市电和备用发电机组组成。市电低压交流供电系统是由一台或多台变压器和低压配电设备组成的低压供电系统,当配置多台变压器时,每台变压器的低压配电设备之间均设有母联开关,以保证其供电的可靠性。

较大容量的通信局(站)通常设置低压配电室,安装有成套的低压配电设备,用来接收与分配低压市电及备用油机发电机电源,对通信局(站)的所有机房和建筑负荷供电。简单的交流供电系统由一台交流配电屏(箱)和具有组合式开关电源的交流配电单元组成,交流配电屏(箱)为变压器的受电及低压配电单元。这种形式的供电系统适用于小型通信站,如移动通信基站等。交流配电屏(箱)的电源输入端通常有两路电源(市电、油机发电机)引入。

1. 低压供电系统的运行方式

低压供电系统中,不同变压器的低压侧之间的联络一般采用手动切换,在切换时,维护人员可以根据变压器的供电能力合理地选择优先保证的负荷。对于比较重要的通信局(站),要求每台变压器必须有检修电源(备用电源),这就要求具有多个子系统的局(站),其各子系统之间一般应该进行联络。

低压市电电源与备用发电机组电源之间的切换最好能够自动进行,因为只有实现自动化运行,才能真正地满足规范的要求,减少停电时间、后备电池的配置容量、维护人员的工作量。

在各种低压系统的切换中,一般均设置一路主用电源,当主用电源发生故障时,才使用备用的分路,当主用电源恢复后,应切换回主用电源供电。

2. 低压电器

低压电器是根据外界特定的信号和要求,自动或手动接通和断开电路,断续或连续地改变电路参数,实现对电路或非电对象的切换、控制、保护、检测和调节的电器设备。

按我国现行标准规定,低压电器通常是指在交流频率 50 Hz(或 60 Hz)、额定电压为 1 000 V 及以下,直流额定电压为 1 500 V 及以下的电路中起通断、保护、控制或调节作用的电器。

(1) 刀开关

刀开关(隔离器)是一类无载通断电路、起隔离电源作用的开关电器,其主要作用是:在进行检修及维护工作时隔离电源,以确保线路和设备维修的安全,不必频繁地接通和分断小容量的低压电路或直接起动的小容量电动机。

刀开关的操作使用注意事项如下。

① 刀开关应垂直安装在开关板或条架上,并使夹座位于上方,以避免在分断位置由于刀架松动或闸刀脱落而造成误合闸。

② 刀开关做隔离开关使用时,要注意操作顺序。分闸时,应先拉开负荷开关,后拉开隔离开关;合闸时的顺序与分闸顺序刚好相反。

③ 刀开关在合闸时,应保证三相同时合闸,并接触良好。如果接触不良,会引起发热而造成短路。

④ 没有灭弧室的刀开关,不应用作负载开关来分断电流。有分断能力的刀开关,应按产品使用说明书中规定的分断负载能力使用,否则,会引起持续燃弧,甚至造成相间短路,引发事故。

（2）熔断器

熔断器是一类对电路和用电设备进行短路和过电流保护的电器,是一种当电流超过规定值一定时间后,以它本身产生的热量使熔体熔化而分断电路的电器,是利用热效应原理工作的电流保护器。熔断器广泛地应用于低压配电系统、控制系统及用电设备。直流熔断器如图 2-25 所示,交流熔断器如图 2-26 所示。

图 2-25　直流熔断器

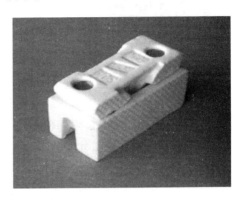

图 2-26　交流熔断器

熔断器主要由熔体、触头插座和绝缘底板组成。熔体是核心部分,它既是敏感元件又是执行元件,熔体串接在被保护的电路中,在正常情况下,它相当于一根导线,在发生过载或短路时,电流过大,熔体便由于过热而熔化,把电路切断。

低压熔断器

熔断器的操作使用注意事项如下。

① 一定容量的负载宜接在对应容量的熔体上,防止熔断器保险过大,导致负载严重过流时保险不起作用。匹配方法:2×负载电流＝熔体额定电流。

② 在配电系统中,各级熔断器应互相配合以实现选择性。一般要求前一级熔体比后一级熔体的额定电流大 2～3 级,以防止发生越级动作而扩大故障停电范围。

③ 熔断器及熔体必须安装可靠,防止某相断开。熔断器周围介质的温度应与被保护对象周围介质的温度基本一致,以防止保护动作产生误差。

④ 使用时经常清除熔断器表面的尘埃,拆换熔断器时,应使用同一型号规格的熔断器,不允许用其他型号规格的熔断器代替,更不允许用金属导线代替熔断器接通电器。

（3）接触器

接触器是一类在电气控制系统中进行远距离控制、频繁操作的自动控制电器,主要用来频繁地远距离接通和分断交、直流主电路或大容量控制电路。除了控制电动机外,接触器还可用于控制照明、电热、电焊机和电容器等负载,其组成部分有电磁系统、主触头和灭弧系统、辅助触头、支架、外壳等。主触头接在主电路中,作用是接通和分断主电路,允许通过的电流较大;辅助触头接在辅助电路中,起信号的控制、保护和联锁作用,允许通过的电流较小。接触器如图 2-27 所示。

图 2-27　接触器

接触器只能断开正常负载电流,不能切断短路电流,所以不可单独使用,应与闸刀、熔断器和空气开关配合使用。

（4）低压断路器

低压断路器俗称自动空气开关,是低压配电网中的主要电器开关,它不仅可以接通和分断正常负载电流、电动机工作电流和过载电流,而且可以接通和分断短路电流。低压断路器主要用在无须频繁操作的低压配电柜(箱)中作为电源开关,当线路、电气设备及电动机等发生严重过电流、过载、短路、断相、漏电等故障时,能自动切断电源,起到保护作用,应用十分广泛。低压断路器相当于刀闸开关、熔断器、热继电器和欠压继电器的组合,主要用来保护交、直流电路内的电气设备,无须频繁地启动电动机及操作或转换电路。低压断路器与接触器不同的是前者允许切断短路电流,但允许操作次数较少。低压断路器如图 2-28 所示。

低压断路器

图 2-28　低压断路器

（5）电流表

测量电流用的仪表,称为电流表。在配电系统中,电流表与电流互感器配合使用,用来测量和监视配电柜和配电单元的负荷变化情况。

（6）电流互感器

电流互感器是用来测量大电流的一种仪器,在电路中能把大电流变成小电流,供给测量仪表和继电保护装置。

电流互感器的使用注意事项如下。电流互感器的次级二端不允许开路,因为在正常工作时,初级绕组产生的磁通被次级绕组产生的磁通抵消,当次级开路时,次级磁通为零,造成初级磁通增大,致使开路的次级绕组二端出现很高的感应电压,给操作人员带来一定的危险,因此使用中需将次级绕组一端同铁芯一起接地。

（7）电压表

电压表是用来测量电路中的电压高低的一种仪表,特点是内电阻大,在配电系统中常与电压互感器配合使用,用来测量和监视电网电压的变化情况。

（8）电压互感器

电压互感器是一种特殊的变压器,能把高电压变换成低电压,使电压测定、继电保护等二次回路与高压电路隔开,是专门用于测量和继电保护的变压器。

3. 低压电器组合原则

（1）在供电回路中,应装有隔离电器和保护电器,对于有交流接触器的回路还应装有操作电器。隔离电器主要在电路检修时起电源隔离作用,常用电器为隔离开关或插头;保护电器用于切断短路电流,所采用的电器一般是低压断路器或熔断器;操作电器用于接通或断开回路,常用电器是交流接触器、组合电器或低压断路器。

（2）用熔断器和接触器组成的回路,应装设带断相保护的热继电器或采用带接点的熔断器作为断相保护。

（3）支线上采用熔断器或断路器时,干线上的断路器应有短延时的过流脱扣器作为保护。

（4）当断路器与断路器配合时,断路器与过流脱扣器配合的级差可取 $0.1\sim0.2\,\mathrm{s}$,即负荷断路器为瞬动,低压配电断路器选用短延时过流脱扣器。

（5）当熔断器与熔断器配合时,前一级的额定电流应比后一级大。对于 NT 型熔断器,前、后级熔断器的额定电流比为 1.6∶1,对于 RTO 型熔断器,前、后级熔断器的额定电流比为(2～2.5)∶1。

4. 电力电缆

（1）电力线的种类

① 电力电缆:具有导体、绝缘层和外层护套的电力线。

② 绝缘电线:只有导体,或有简单绝缘层和保护层的低压电力线(裸电线、绝缘电线)。绝缘电线的芯线材料有铜芯和铝芯两种。

③ 母线:供电系统中常把主干线称为母线。电力线中的母线,指导线的截面积很大或截面形状特殊的一类导线。导线的截面形状有圆形、矩形和筒形等。母线按使用材料分为铜母线、铝母线、钢母线。铜母线电阻率低,机械强度高,但铜贵重,只用在含腐蚀性气体或有强烈震动的地区。铝母线的电阻率为钢母线的 1.7～2 倍,重量只有铜的 30%。配电装置中一般采用铝母线。钢母线虽价廉,机械强度高,但其电阻率太大,为铜母线的 6～8 倍,用于交流时还存在集肤效应,仅适用于高压小容量电路(如电压互感器)和电流在 200 A 以下的低压直流电路。接地装置中的接地线也多用钢母线。

（2）电力电缆结构

电力电缆是一种特殊的导线，主要由电缆芯、绝缘层和保护层 3 部分组成。敷设完电力电缆，用 500 V 的兆欧表测量电缆对地绝缘电阻，其值应大于 1 兆欧。

① 电缆芯

电缆芯由单根或几根绞绕的导线构成，导线多为铜、铝两种材料制作而成。铜导电性能好、机械强度高，因此实用中多用铜芯线作为电力电缆线。每根缆芯线由多根导线构成，而电缆又由数量不等的缆芯线组成。缆芯线数量常见的有单芯、双芯、三芯和四芯等多种。缆芯线的截面形状有圆形、半圆形和扇形 3 种。

② 绝缘层

绝缘层分为均质和纤维质两类。前者包括橡胶、沥青、聚乙烯等；后者包括棉麻、丝绸、纸等。两类材料的差异在于吸收水分的程度不同。均质材料的绝缘层防潮性好，有优良的可曲性，可垂直安装，但受空气和光线直接作用时易"老化"。纤维质材料易吸水，这种材料的电缆外层应有保护包皮，不可作倾斜和大弯曲安装。

③ 保护层

电缆线的保护层分为内保护层和外保护层两部分，其作用是防止电缆在运输、储存、施工和供电运行中受到空气、水气、酸碱腐蚀和机械外力的作用绝缘性能降低，使用年限缩短。

（3）电力线的敷设

电力线的敷设一般应满足如下要求：按电源的额定容量选择一定规格、型号的导线，根据布线路由、导线的长度和根数进行敷设；沿地槽、壁槽、走线架敷设的电源线要卡紧绑牢，布放间隔要均匀、平直、整齐，不得有急剧性转变或凹凸不平现象；沿地槽敷设的橡皮绝缘导线（或铅包电缆）不应直接和地面接触，槽盖应平整、密封并油漆，以防潮湿、霉烂或其他杂物落入；当线槽和走线架同时采用时，一般是交流导线放入线槽，直流导线敷设在走线架上，若只有线槽或走线架，交、直流导线亦应分两边敷设，以防交流电对通信造成干扰；电源线布放好后，两端均应腾空，在相对湿度不大于 75％时，以 500 V 兆欧表测量其绝缘电阻是否符合要求（绝缘电阻应为 2 MΩ 以上）。

5. 功率因数补偿

（1）功率因数的概念

在交流电路中，由电源供给负载的视在功率包括有功功率和无功功率：有功功率是电阻性负载消耗的功率，即实际消耗的电功率，用符号 P 表示，单位有瓦（W）、千瓦（kW）、兆瓦（MW）；无功功率并非实际消耗的功率，而是反映电感性负载或电容性负载的电源与负载间发生能量交换所占用的电功率，无功功率用符号 Q 表示，单位为乏（var）或千乏（kvar）。

视在功率是电压和电流有效值的乘积，电网中各种设备标注的功率通常为视在功率。视在功率用符号 S 表示,单位为伏安(V·A)或千伏安(kV·A)。

有功功率与视在功率之比称为功率因数。电网中的电力负荷如电动机、变压器等,属于既有电阻又有电感的电感性负载,电感性负载的电压和电流的向量间存在一个相位差 φ,它的余弦 $\cos\varphi$ 就是功率因数。功率因数是反映电力用户对用电设备的合理使用状况、对电能的利用程度和用户的用电管理水平的一项重要指标。

功率因数与有功功率、无功功率和视在功率的关系如下:

有功功率 $\qquad\qquad P = UI\cos\varphi$ （W）

无功功率 $\qquad\qquad Q = UI\sin\varphi$ （var）

视在功率 $\qquad\qquad S = UI = \sqrt{P^2 + Q^2}$（V·A）

其中,U,I 分别为电压有效值和电流有效值。当供电回路中既有电感性负载又有电容性负载时,总的无功功率为

$$Q = Q_L - Q_C$$

式中,Q_L 为电感性无功功率,Q_C 为电容性无功功率。

在线性电路中,电压与电流均为正弦波,它们之间只存在一个相位差,所以功率因数是电流与电压相位差的余弦,即

$$\lambda = \frac{P}{S} = \frac{UI\cos\varphi}{UI} = \cos\varphi$$

无功功率如果过大,将导致功率因数过小,对供、用电产生一定的不良影响,主要表现在:降低输、变电设备的供电能力,使供电设备的容量得不到充分的发挥;造成线路电压损失增大和电能损耗增加。因此,无论是从节约电能,提高供电质量出发,还是从提高供电设备的供电能力出发,都必须采取措施来改善功率因数。

（2）功率因数补偿

在三相交流电所接的负载中,除白炽灯、电阻电热器等少数设备的负荷功率因数接近 1 外,绝大多数的三相负载,如异步电动机、变压器、整流器、空调等的功率因数均小于 1,特别是在轻载情况下,功率因数进一步降低。

用电设备的功率因数降低之后,带来的影响有:①使供电系统内的电源设备容量不能得到充分利用;②增加了电力网中输电线路上的有功功率的损耗;③功率因数过低,还将使线路压降增大,造成负荷端电压下降 。

提高功率因数的方法很多,主要有:①提高自然功率因数,即将变压器和电动机的负载率提高到 75%～80%,以及选择本身功率因数较高的设备;②对于感性线性负载电路,采用移相电容器来补偿无功功率,便可提高 $\cos\varphi$;③对于非线性负载电路(在通信企业中主要为整流器),通过功率因数校正电路,将畸变电流波形校正为正弦波,同时迫使它跟踪输入正弦电压的相位变化,使高频开关整流器输入电路呈现电阻性,提高总功率因数。

目前,通信企业绝大多数采用低压成组补偿方式,即在低压配电屏中专门设置配套

的功率因数补偿柜,通常采用移相电容器(如图 2-29 所示)。

图 2-29　移相电容器

移相电容器通常采用三角形接线,目的是防止一相电容断开造成该相功率因数得不到补偿,而且,根据电容补偿容量与加载于其上的电压的平方成正比的关系,同样的电容三角形接线能补偿的无用功更多。大多数低压移相电容器本身就是三相的,内部已接成三角形。移相电容器在局(站)变电所供电系统中可装设在高压开关柜、低压配电柜或用电设备端,分别形成高压集中补偿、低压成组补偿或低压分散补偿。

6. 交流联锁装置

交流联锁装置是保证电力网安全运行、确保设备和人身安全、防止误操作的重要装置。一般把"五防联锁"描述为:防止误分、合断路器;防止带负荷分、合隔离开关;防止带电挂(合)接地线(接地开关);防止带接地(开关)合闸;防止误入带电间隔。交流联锁装置一般可分为机械联锁装置、电气联锁装置和综合联锁装置 3 类。

(1)机械联锁装置

机械联锁装置是为了防止人为操作失误而人为设置的,必须按照指定的顺序操作,否则无法进行后续操作的机械的安全操作装置。机械联锁装置一般使用钢丝绳或者杠杆机构,以机械位置的变动(也可采用多功能程序锁)来保证在断路器切断电源以前隔离开关的操作把手不能动作。机械联锁方法简单、可靠、直接、有效,一般用于高压开关柜断路器-隔离开关-接地开关-柜门之间的联锁。机械联锁装置如图 2-30 所示。

图 2-30　机械联锁装置

隔离开关无专门的灭弧装置,一般不能用来接通或切断负荷电流。在固定柜中,断路器与隔离开关的联锁关系明确,即只有在断路器分断的情况下才能操作隔离开关,隔离开关和断路器之间的机械联锁关系较易实现。在高压开关柜中,为防止带负荷分、合隔离开关,常采用一个扇形撞块和圆板结构,与操作隔离开关的机构上的弹性定位锁配合,在断路器合闸时,圆板阻止定位锁拔出,从而防止带负荷分闸。手车柜的情况有所不同,手车进出实际上相当于固定柜中隔离开关的合分操作,因而对隔离开关的联锁要求同样适用于对手车的进出要求。当手车在试验位置与工作位置之间移动时,必须保证断路器处于分闸状态,不得合闸,即所谓的“合闸闭锁”。

另外,在具有双路进线的低压配电柜中,通常也有机械联锁装置,防止两路进线同时合闸,引起安全事故。

（2）电气联锁装置

电气联锁装置用电气二次设备来控制。电气联锁方法容易实现,联锁功能可以做得很完善,但如果辅助开关、继电器等电器的接点切换不灵或粘连则会造成联锁功能丧失或紊乱。电气联锁一般作为机械联锁的辅助手段,以实现双重联锁。

7. 自动转换开关

自动转换开关简称 ATS,主要用于紧急供电系统,负责将负载电路从一个电源自动换接至另一个（备用）电源,以确保重要负荷连续、可靠地运行。因此,ATS 通常应用在重要的用电场所,其产品可靠性尤为重要。

电动式专用转换开关是 PC 级 ATS,其主体为负荷隔离开关,为机电一体式开关电器,转换过程由电机驱动,转换平稳且速度快,并且具有过 0 位功能。PC 级 ATS 在工程中应用广泛。

ATS 一般由两部分组成:开关本体和控制器。开关本体具有很强的抗冲击电流能力,并且可以频繁转换。ATS 通常具有可靠的机械联锁、电气联锁功能,可实现自动、电动远程和紧急手动控制。典型的双电源 ATS 及其应用电路如图 2-31 所示。该电路为二路电源一主一备,互为备用,可由两个接触器或断路器或负荷隔离开关组合而成。两个开关本体之间一般均设电气联锁和机械联锁,以防两个电源并联。在正常情况下,可由二路电源中的任何一路供电,另一路备用,当正常使用的电源因故障停电时,自动转换开关将自动地将负荷转接至另一个电源供电。该接线方式是目前应用最为广泛的一种方式。

在低压配电系统中,依据国家与行业现行规范的要求,对于较重要的一、二级负荷,应采用双电源供电;对于消防用电设备,除采用双电源供电外,还应在最末一级配电箱处设自动切换。因此,ATS 的使用范围将更加广泛。

双电源 ATS

(a)

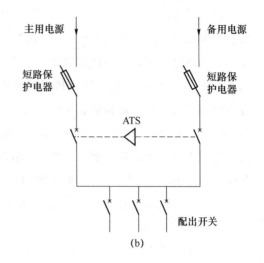

(b)

图 2-31　双电源 ATS 及其应用电路

8. 低压开关柜

低压开关柜的运行要求如下。

(1) 机械联锁、电气联锁应动作准确、可靠。

(2) 二次回路辅助开关动作准确,接触可靠。

(3) 装有电器的可开启门,以裸铜软线与接地的金属构架可靠地连接。

(4) 成套柜有供检修的接地装置。

(5) 低压开关柜统一编号,并标明负荷名称及容量,同时编号应与低压系统操作模拟图板上的编号一致。

(6) 低压开关柜上的仪表及信号指示灯、报警装置完好齐全、指示正确。

(7) 开关的操作手柄、按钮、锁键等操作部件上所标记的"合""分""运行""停止"等字样应与设备的实际运行状态相对应。

(8) 装有低压电源自投装置的开关柜,应定期做投切试验,检验其动作的可靠性,且两个电源的联络装置处应有明显的标志,当联锁条件不同时具备的时候,不能投切。

(9) 低压开关柜与自备发电设备的联锁装置动作可靠,严禁自备发电设备与电力网私自并联运行。

(10) 低压开关柜前后左右的操作维护通道上应铺设绝缘垫,同时严禁在通道上堆放其他物品。

(11) 低压开关柜前后的照明装置齐备完好,事故照明投用正常。

(12) 低压开关柜应设置与实际相符的操作模拟图板和系统接线图,其低压电器的备品、备件应齐全完好,并分类存放于取用方便的地方,同时应具备可携带式检测仪表。

低压开关柜及其组成如图 2-32 和图 2-33 所示。

图 2-32　低压开关柜

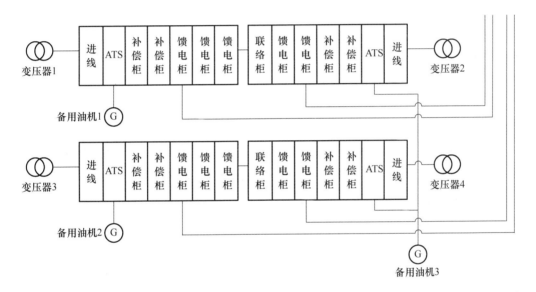

图 2-33　低压开关柜组成(主备供电方式)

2.2　典型工作任务

2.2.1　高压配电系统操作与维护

1. 高压配电柜倒闸操作有关技术要求

倒闸操作就是将电气设备由一种状态转换到另一种状态,即接通或断开高压断路器、高压隔离开关、自动开关、刀开关、直流操作回路、整定自动装置(或继电保护装置),安装(或拆除)临时接地线等。

高压电气设备倒闸操作的技术要求如下。

(1) 高压断路器和高压隔离开关(或自动开关及刀开关)的操作顺序规定为:停电时,先断开高压断路器(或自动开关),后断开高压隔离开关(或刀开关);送电时,顺序与其相反。严禁带负荷拉、合隔离开关(或刀开关)。

(2) 高压断路器(或自动开关)两侧高压隔离开关(或刀开关)的操作顺序规定为:停电时先拉开负荷侧的隔离开关(或刀开关),后拉开电源侧的隔离开关(或刀开关);送电时,顺序与其相反。

(3) 变压器两侧开关的操作顺序规定为:停电时,先拉开负荷开关,后拉开电源侧开关;送电时,顺序与其相反。

(4) 单极隔离开关及跌落保险的操作顺序规定为:停电时,先拉开中相,后拉开两边相;送电时,顺序与其相反。

(5) 对于双母线接线的变电所,当出线开关由一条母线倒换至另一条母线供电时,应先合母线联络开关,而后再切换出线开关母线侧的隔离开关。

(6) 操作中,应注意防止通过电压互感器二次返回高压。

(7) 用高压隔离开关和跌落保险拉、合电气设备时,应按照制造厂的说明和实验数据确定的操作范围进行操作。

(8) 当采用电磁操动机构合高压断路器时,应观察直流电流表的变化,合闸后电流表应指针归零。连续操作高压断路器时,应观察直流母线电压的变化。

2. 高压交流供电系统维护基本要求

(1) 配电屏四周的维护走道净宽应保持规定距离($\geqslant 0.8$ m),前后走道均应铺绝缘胶垫,如图 2-34 所示。

(2) 高压室禁止无关人员进入,危险处应设防护栏,并在明显位置设"高压危险,不得靠近"等字样的告警牌。

(3) 高压室各门窗、地槽、线管、孔洞应做封堵处理(如图 2-35 所示),严防水及小动物进入,应采取相应的防鼠、灭鼠措施。

图 2-34　绝缘胶垫

图 2-35　孔洞封堵

(4) 为安全供电,专用高压输电线和电力变压器不得搭接外单位负荷。

（5）高压防护用具（绝缘鞋、手套等）必须专用，高压验电器、高压绝缘拉杆应符合规定要求，定期检测试验。

（6）高压维护人员必须持有高压操作证，无证者不准进行操作。常用高压维护工具如图 2-36 所示。

（7）变配电室停电检修时，应征得主管部门的同意并通知用户后再进行。

（8）继电保护和告警信号应保持正常，严禁切断警铃和信号灯，严禁切断各种保护联锁。

（9）停电检修时，应先停低压、后停高压；先断负荷开关，后断隔离开关。送电顺序相反。切断电源后，三相相线上均应接地线。

图 2-36　常用高压维护工具

3. 保证安全的措施

保证安全的措施主要有组织措施和技术措施。在电气设备上工作，保证安全的组织措施包括：工作票制度，工作许可制度，工作监护制度，工作间断、转移和终结制度。

（1）工作票制度。工作票是准许在电气设备上工作的书面命令，也是明确安全职责，向工作人员进行安全交底，履行工作许可手续及工作间断、转移和终结手续，并采取保证安全的技术措施等的书面依据。因此，在电气设备上工作时，应按要求认真地使用工作票或按命令执行。工作票的方式有 3 种：①第一种工作票；②第二种工作票；③口头或电话命令。

（2）工作许可制度。履行工作许可手续的目的，是为了在完成安全措施以后，进一步增强工作人员的工作责任感，它是为确保工作万无一失所采取的一种必不可少的措施。因此，必须在完成各项安全措施之后再履行工作许可手续。

（3）工作监护制度。执行工作监护制度的目的，是使工作人员在工作过程中得到监护人一定的指导和监督，及时纠正一切不安全的动作和错误做法，特别是在靠近有电部位及工作转移时，执行工作监护制度更为重要。

（4）工作间断、转移和终结制度。

保证安全的技术措施是指在全部停电或部分停电的电气设备上工作时，必须完成停电、验电、接地线、悬挂标示牌和装设临时遮栏等安全技术措施。

(1) 停电

① 工作地点必须停电的设备:检修的设备;与工作人员进行工作时正常活动范围的距离小于表 2-2 规定的设备;在 44 kV 以下工作,上述安全距离虽大于表 2-2 的规定,但小于表 2-3 中的规定,同时又无安全遮栏的设备;带电部分在工作人员后面或两侧且无可靠安全措施的设备。

表 2-2   工作人员工作中正常活动范围与带电设备的安全距离

电压等级/kV	10 及以下	20、35	66、110	220	330	500
安全距离/m	0.35	0.60	1.50	3.00	4.00	5.00

注:表中未列电压按高一档电压等级的安全距离。

表 2-3   设备不停电时的安全距离

电压等级/kV	10 及以下	20、35	66、110	220	330	500
安全距离/m	0.70	1.00	1.50	3.00	4.00	5.00

注:表中未列电压按高一档电压等级的安全距离。

② 将检修设备停电,必须把各方面的电源完全断开(任何运行中的星形接线设备的中性点,必须视为带电设备)。禁止在只经断路器断开电源的设备上工作,必须拉开隔离开关,使各方面至少有一个明显的断开点。与停电设备有关的变压器和电压互感器,必须从高、低压两侧断开,防止向停电检修设备反送电。

③ 在检修断路器或远程控制的隔离开关时引起的停电。

(2) 验电

通过验电可以明显地验证停电设备是否确实无电压,以防发生带电装设接地线或带电合接地刀闸等恶性事故。

验电时应注意:

① 验电时,必须使用电压等级合适而且合格的验电器,验电前,应先在有电设备上进行试验,确定验电器良好。验电时,应在检修设备的进出线时,对两侧分别验电。如果在木杆、木梯或木构架上验电,不接地线验电器不能指示时,可在验电器上加接接地线,但必须经值班负责人许可。

② 高压验电必须戴绝缘手套,35 kV 及以上的电气设备在没有专用验电器的特殊情况下,可以用绝缘棒代替验电器,根据绝缘棒端有无火花和放电噼啪声来判断有无电压。

③ 信号元件和指示表不能代替验电操作。

(3) 接地线

设接地线时的注意事项如下。

① 当验明设备确实无电压后,应立即将检修设备接地并三相短路。

② 凡是可能向停电设备突然送电的各电源侧,均应装设接地线。所装的接地线与带电部分的距离,在考虑了接地线的摆动后不得小于表 2-2 所规定的安全距离。当有可能产生危险感应电压时,应视具体情况适当地增挂接地线,但至少应保证在感应电源两侧的检修设备上各有一组接地线。

③ 在母线上工作时,应根据母线的长短和有无感应电压等实际情况来确定接地线的数量。对长度为 10 m 及以下的母线,可以只装设一组接地线;对长度为 10 m 以上的母线,则应视连接在母线上电源进线的多少和分布情况及感应电压的大小,适当地增加接地线的数量。在门型构架的线路侧进行停电检修时,如工作地点到接地线的距离小于 10 m,工作地点虽在接地线外侧,也可不另装设接地线。

④ 检修部分若分为几个在电气上不相连接的部分(如分段母线以隔离开关或断路器隔开,分成几段),则各段应分别验电接地短路。接地线与检修部分之间不得连有断路器或保险器。降压变电所全部停电时,应将各个可能来电的部分分别接地短路,其余部分不必每段都装设接地线。

⑤ 为了保证接地线和设备导体之间接触良好,对室内配电装置来说,应将接地线悬挂在刮去油漆的导电部分的固定处。

⑥ 装设或拆除接地线必须由两人进行,一人监护,一人操作。若为单人值班,则只允许操作接地刀闸或使用绝缘棒合、拉接地刀闸。

⑦ 在装、拆接地线的过程中,应始终保证接地线处于良好的接地状态。在装设接地线时,必须先接接地端,后接导体端,拆除接地线时则与此顺序相反。为确保操作人员的人身安全,装、拆接地线时均应使用绝缘棒或戴绝缘手套。

⑧ 接地线应使用多股软裸铜线,其截面积应符合短路电流的要求,但不得小于 25 mm²。接地线在每次装设以前应经过详细检查,损坏的接地线应及时修理或更换。禁止使用不符合规定的导线作接地或短路之用。接地线必须用专用的线夹固定在导体上,严禁用缠绕的方法进行接地或短路。高压接地棒如图 2-37 所示。

图 2-37 高压接地棒

⑨ 当在高压回路上的工作(如测量母线和电缆的绝缘电阻,检查断路器触头是否同时接触)需要拆除全部或一部分接地线后才能进行时,应经特别许可。下述工作必须征

得值班员的许可(根据调度员的命令装设接地线,必须征得调度员的许可)方可进行,工作完毕后立即恢复:拆除一相接地线;拆除接地线,保留短路线;将接地线全部拆除或拉开接地刀闸。

⑩ 每组接地线均应编号,并存放在固定的地点。存放位置亦应编号,接地线号码与存放位置的号码必须一致。

⑪ 装、拆接地线的数量及地点都应做好记录,交接班时交代清楚。

(4)悬挂标示牌和装设临时遮栏

① 在一经合闸即可送电到工作地点的断路器和隔离开关的操作把手上,均应悬挂"禁止合闸,有人工作!"的标示牌。如果线路上有人工作,应在线路中的断路器和隔离开关的操作把手上悬挂"禁止合闸,线路有人工作!"的标示牌。标示牌的悬挂和拆除,应按调度员的命令来执行。高压接地标示牌如图 2-38 所示。

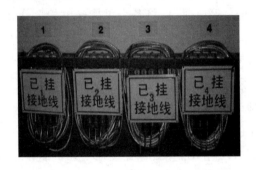

图 2-38　高压接地标示牌

② 对于部分停电的工作,安全距离小于表 2-2 规定距离的未停电设备,应装设临时遮栏,临时遮栏与带电部分的距离不得小于表 2-3 规定的数值。临时遮栏可用干燥木材、橡胶或其他坚韧的绝缘材料制成,装设应牢固,并悬挂"止步,高压危险!"的标示牌。对于 35 kV 及以下设备的临时遮栏,如因工作特殊需要,可用绝缘挡板与带电部分直接接触,但此种挡板必须具有高度的绝缘性。

③ 为了防止检修人员误入带电设备的高压导电部分或附近,确保检修人员在工作中的安全,在室内高压设备上工作时,应在工作地点两旁间隔和对面间隔的遮栏上及禁止通行的过道上悬挂"止步,高压危险!"的标示牌。

④ 在室外地面高压设备上工作时,应在工作地点四周用绳子做好围栏,围栏上悬挂适当数量的"止步,高压危险!"标示牌,标示牌必须朝向围栏里面(即工作人员所处场所)。

⑤ 在工作地点悬挂"在此工作!"的标示牌。

⑥ 在室外构架上工作时,应在工作地点邻近带电部分的横梁上悬挂"止步,高压危险!"的标示牌,此项标示牌应在值班人员的监护下,由工作人员悬挂。在工作人员上下用的铁架或梯子上,应悬挂"从此上下!"的标示牌。在邻近的可能误登的其他架构上,应

悬挂"禁止攀登,高压危险!"标示牌。

⑦ 严禁工作人员在工作中移动或拆除遮栏、接地线和标示牌。

2.2.2　高压开关柜日常检查维护

高压开关柜的日常检查项目如下。

(1) 配电间是否防潮、防尘、防止小动物钻入。

(2) 所有金属器件是否防锈蚀(涂上清漆或色漆),运动部件是否注意润滑,检查螺钉是否松动,积灰是否及时清除。

(3) 观察各元件的状态,是否有过热变色,发出响声,接触不良等现象。

(4) 对于真空断路器,有条件时应进行工频耐压试验,可间接检查其真空度。对于玻璃泡灭弧室,应观察其内部金属表面有无发乌、辉光放电等现象。更换灭弧室时,应将导电杆卡住,不能让波纹管承受扭转力矩,导电夹与导电杆应夹紧连接。合闸回路保险丝的规格不能过大,保险丝的熔化特性须可靠。合闸失灵时,应检查故障:电气方面可能是电源电压过低(压降太大或电源容量不够),合闸线圈受潮致使匝间短路,熔丝熔断。分闸失灵时,应检查故障:电气方面可能是电源电压过低,转换开关接触不良,分闸回路断线;机械方面可能是分闸线圈的行程未调好,铁芯被卡滞,锁扣扣接量过大,螺丝松脱。辅助开关接点切换的时刻须精心调整,切换过早可能不到底,切换过晚会使合闸线圈长时带电而被烧毁。正确的位置是在低电压下合闸,刚能合上。

(5) 对于隔离开关,应注意刀片、触头有无扭歪,合闸时是否到位和接触良好,分闸时断口距离是否≥150 mm,支持及推杆瓷瓶是否开裂或有胶装件松动,以及其操动机构与断路器的联锁装置是否正常、可靠。

(6) 对于隔离手车,应注意插头咬合面是否涂敷防护剂(导电膏、凡士林等),注意插头有无明显的偏摆变形,检修时应注意插头咬合面有无熔焊现象。

(7) 对于电流互感器,应注意接头有无过热、响声和异味,注意绝缘部分是否开裂或放电,引线螺丝是否松动;决不能使之开路,以免产生感应高压,对操作人员及设备的安全造成损害。

(8) 开关柜长期未投入运行时,投运前主要一次元件间隔(如手车室及电缆室)应进行加热除湿,以防止产生凝露而影响设备的外绝缘。

2.2.3　电力变压器日常检查维护

电力变压器的日常检查维护项目如下。

(1) 油位检查。查看变压器储油柜(即油枕)上的油位是否正常,是否假油位,有无渗油现象;充油的高压套管油位、油色是否正常;套管有无渗油现象。油位指示不正常时必须查明原因,必须注意油位表的出入口处有无沉淀物堆积。

(2) 温度检查。油浸式电力变压器的允许温升应按上层油温来检查,用温度计测量,上层油温升的最高允许值为 55 ℃ ,为了防止变压器油劣化变质,上层油的温升不宜长时间超过 45 ℃ 。对于采用强迫循环水冷和风冷的变压器,正常运行时,上层油的温升不宜超过 35 ℃ 。另外,巡视时应注意温度计是否完好。由温度计查看变压器上层油温是否正常或是否接近(超过)最高允许限额,当玻璃温度计显示的数值与压力温度计有显著差异时,应查明是否仪表不准或油温确有异常。干式变压器应注意温控器的显示温度是否正常。

(3) 检查漏油。漏油会使变压器油面降低,还会使外壳散热器等产生油污,应特别注意检查阀门各个部分的垫圈。

(4) 注意变压器的声响与以往相比有无异常。

(5) 检查绝缘件,如出线套管、引出导电排的支持绝缘子等表面是否清洁,有无裂纹、破损及闪络放电痕迹。

(6) 检查引出导电排的螺栓接头有无过热现象(可查看示温蜡片及变色漆的变化情况)。

(7) 检查阀门。查看各种阀门是否正常,注意通向气体继电器的阀门和散热器的阀门是否处于打开状态。

(8) 检查防爆管。查看防爆管有无破裂、损伤及喷油痕迹,检查防爆膜是否完好。

(9) 检查冷却系统。查看冷却系统运转是否正常,如风冷油浸式电力变压器的风扇有无个别停转,风扇电动机有无过热现象,振动是否增大;检查干式变压器的风机运转声音及温控器工作是否正常。对室内安装的变压器,要查看周围通风是否良好,是否要开动排风扇等。

(10) 检查吸潮器,查看吸潮器的吸附剂是否达到饱和状态。

(11) 检查外壳接地线是否完好。

(12) 检查周围场地和设施。室外变压器重点检查基础是否良好,有无基础下沉,变台杆检查电杆是否牢固,木杆、杆根有无腐蚀现象;室内变压器重点检查门窗是否完好,检查百叶窗的铁丝纱是否完整,照明设施是否合适和完好,消防用具是否齐全。

2.2.4 低压交流配电系统维护操作

1. 低压电器操作要求

(1) 操作人员经考试合格取得操作证,方准进行操作。操作者应该掌握低压配电装置的性能、结构等,严格遵守安全和交接班制度。

(2) 低压配电装置包括低压开关柜、低压配电柜、低压电容器柜、动力配电箱、照明配电箱等。

(3) 使用前要严格执行命令,做好全部准备工作,并穿戴好绝缘用品和绝缘工具。

(4) 操作时要坚持一人操作、一人监护的制度,要认真执行工作票、作业票的工作程序要求。

(5) 设备投入运行时,要密切注意仪表上的显示,并按规定的时间抄表。要定期进行巡视,检查有关瓷瓶、套管、汽油设备的油面,检查母线及各种电器的接头是否过热。

(6) 悬挂必要的标示牌。

2. 安装、使用和维护低压电器应注意的安全事项

(1) 投入使用前,应将断路器各部分上的粉尘擦拭干净,并将各紧固螺丝拧紧。

(2) 对出厂前调整好的整定值、间距和调节螺丝的松紧度等不得任意变动。带有双金属片式脱扣器的断路器,如果工作环境温度高于整定值温度,一般宜降容使用,必要时应校验、重新调整后再使用。

(3) 电器应装在无强烈振动的地点,距地面应有适当的高度。

(4) 电器应垂直安装,倾斜度一般不应超过5°;对于油浸电器,绝对不许绝缘油溢出;电器的固定应使用螺栓,不得焊接。

(5) 安装新电器之前,应清除电器各接触面上的保护油层,以防接触不良。

(6) 凡是金属外壳,都应采取防止间接触电的接地或接零保护措施;电器的裸露部分应有防护罩,以防止直接触电。

(7) 电器的防护应与安装地点的环境条件相适应。在有爆炸、火灾危险的场所及有大量粉尘或潮湿的地点,都应安装具有相应防护措施的电器。

(8) 带有双金属片式脱扣器的断路器,如果因过负荷而分断,需冷却复位后才能再脱扣。

(9) 定期清扫、加油,定期检查电器的动作情况。

(10) 维护时应注意电器的触头是否接触良好、紧密,各相触头是否动作一致,灭弧装置是否保持完整和清洁。

(11) 检修后要在不带电的情况下合、分闸数次,确保动作可靠后再投入运行。

(12) 保持触头表面清洁,当触头磨损达到其厚度的 1/3 时,应予以更换。

(13) 在分断短路电流后或长期使用后,应扫除灭弧室的烟尘和金属颗粒,以保证该室具有良好的绝缘性能。

3. 低压交流供电系统维护基本要求

(1) 引入通信局(站)的交流高压电力线应安装高、低压多级避雷装置。

(2) 交流用电设备采用三相四线制引入时,零线不准安装熔断器,在零线上除电力变压器的近端接地外,用电设备和机房的近端应重复接地。

(3) 交流供电应采用三相五线制,零线禁止安装熔断器,在零线上除电力变压器的近端接地外,用电设备和机房的近端不许重复接地。

(4) 每年检测一次接地引线的接地电阻,其电阻值应不大于规定值。

(5) 自动断路器跳闸或熔断器烧断时,应查明原因再恢复使用,必要时允许试送电一次。

(6) 熔断器应有备用,不应使用额定电流不明或不合规定的熔断器。

4. 低压配电设备维护检查项目

(1) 继电器、接触器、开关的动作是否正常,接触是否良好。

(2) 螺丝有无松动。

(3) 仪表指示是否正常。

(4) 电线、电缆、母排运行电流是否超过额定允许值。

(5) 配电设备运行温度是否超过额定允许值(见表 2-4)。

表 2-4 低压配电设备运行额定允许温度(红外测温仪测试)

名 称	额定允许温度/℃
刀 闸	65
塑料电线、电缆(特殊电缆除外)	65
裸母排	70
电线端子、母排接点	75
油浸变压器上部外壳	85

(6) 熔断器的温升应低于 80 ℃。

(7) 交流设备三相电流平衡时,各相电路之间的相对温差不大于 25 ℃。

(8) 配电线路应符合以下要求:线路额定电流≥低压断路器(过载)整定电流≥负载额定电流。掌握断路器的合理选择,杜绝大开关连接小线路的现象。

(9) 配电系统的继电保护必须配套。变压器输出额定电流、低压断路器过载保护整定电流、电流互感器额定电流应为同一等级规格,避免失配过大导致继电保护失效和仪表指示不准。

(10) 禁止使用橡套防水电缆做正式配电线路。

(11) 交流熔断器的额定电流值:照明回路的额定电流值按实际最大负载配置,其他回路的额定电流值不大于最大负载电流的 2 倍。

5. 低压配电设备周期维护项目

低压配电设备维护项目及周期、双电源 ATS 维护项目及周期和断路器维护项目及周期分别如表 2-5、表 2-6 和表 2-7 所示。

表 2-5　低压配电设备维护项目及周期

周　期	维护项目
月	1. 检查接触器、开关接触是否良好 2. 检查信号指示、告警是否正常 3. 测量熔断器的温升或压降 4. 检查功率补偿屏的工作是否正常 5. 检查充放电电路是否正常 6. 清洁设备 7. 三相总负荷电流平衡度、中性线电流视每年运行情况,进行必要的调整
年	1. 检查避雷器是否良好 2. 测量地线电阻(干季) 3. 校正仪表 4. 检查开关整定值 5. 检查电容等元器件状态

表 2-6　双电源 ATS 维护项目及周期

周　期	维护项目
月	1. 检查电源显示状态、指示灯、控制线触点是否良好 2. 工作状态是否符合实际要求 3. 检查进出线端子螺丝是否松动,测量温升 4. 清洁设备
半年	1. 检测启动和转换延时设置是否合理 2. 进行双电源倒换测试

表 2-7　断路器维护项目及周期

周　期	维护项目
月	1. 定期进行检修,清除断路器表面灰尘或异物,应保持清洁干燥,检查工作是否在自动状态 2. 定期检查进出线端子螺丝松紧及温升 3. 清洁设备
半年	1. 定期检查脱扣器的电流整定值和延时值,上下级整定是否合理

2.2.5 高低压线路和配电设备综合检查

1. 维护检查步骤

(1)检查高低压交流线路。巡视高低压输变电线路、管道等设施,检查线路的安全状况是否正常、电缆有无破损,检查杆路是否有倾斜、倒塌等现象,检查管道人井是否破损、被盗等,检查有无外挂偷电线路。

(2)检查变压器。目测变压器是否安装牢固,有无锈蚀、破损痕迹,接地是否完好,接线端子是否牢固且无锈蚀、脱落现象;耳听变压器是否有异常声响。

(3)检查交流配电箱。查看交流配电箱安装是否牢固,检查箱体是否密封良好,外观是否完好,有无漏水现象。交流配电箱如图 2-39 所示。

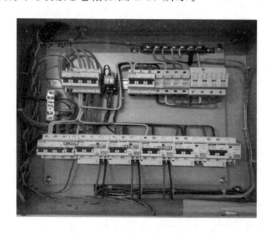

图 2-39　交流配电箱

(4)检查各断路器、接触器和连接线缆(如图 2-40 所示)。检查所有断路器、接触器和连接线缆接头有无氧化、锈蚀,查看手摇接线端子有无松动。使用红外线点温仪进行温度测量,如图 2-41 所示。用万用表测量端子的电压降。要求所有端子的表面温度<70 ℃,电压降≤5 mV/100 A。

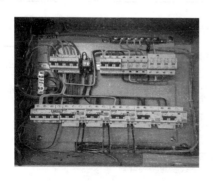

图 2-40　断路器和线缆检查

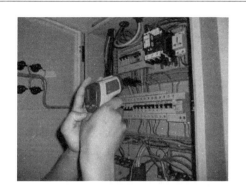

图 2-41　红外线点温仪测量温升

（5）检查交流熔断器及接触点，测量温升。①熔丝松紧度：检查熔丝是否压紧、固定好，有无氧化、锈蚀现象。②熔丝压降：使用万用表的交流档进行测量，两端分别接在熔断器的底座、下端子上，万用表的显示值即为压降电压。要求压降每百安培≤5 mV，不符合要求的熔丝应予以更换并检查接触点。③熔丝温升：使用红外线点温仪测量熔断器表面和接触点的温度，要求熔断器表面和接触点的温度与室温相差＜5 ℃，如果温度过高，则检查接触点是否氧化或松动，并及时更换或紧固。

（6）检查指示信号、告警是否正常，检查交流配电箱告警指示灯的状态，一般绿灯为工作正常指示，红灯为故障提示（需要及时解决）。

（7）市电检查。使用万用表的交流档分别测量三相电压值，要求相电压范围为 187 V～242 V，线电压范围为 323 V～418 V，零地（N-GND）之间的电压不超过 15 V。如发现交流输入电压异常，首先检查交流输入电源线的接线回路端子是否氧化或松动，如氧化，需在断电后操作安全的情况下进行处理（如更换接线端子）；如果接头松动，需在做好安全防范措施的前提下进行紧固。如以上措施不能解决问题，检查变压器及输配电线路是否正常，否则联系供电单位处理。使用万用表的交流档分别测量三相电流值，检查三相电流是否有不均衡现象。检测时应做好绝缘防护，避免触电。

（8）检查机架内负载设备的标签是否完整（如图 2-42 所示）。检查所有接有负载的

图 2-42　检查电缆标签

连接线接头处是否绑扎或贴有标签,标签是否清晰正确,内容有无本端和对端设备的名称。发现标签缺失、错误、模糊、脱落应及时进行补充、更换。(如现场未能处理的,应记录并及时跟踪处理。)

2. 低压配电设备维护安全操作规范

无论采用直接带电作业还是间接带电作业,为了保证作业人员的人身安全,必须遵守的安全规范如下。

(1)在直接带电作业中,通过人体的电流应限制在 1 mA 以下,以确保人身安全,无损健康。在间接带电作业中,通过人体的电流主要取决于绝缘工具的泄漏电流,因此,必须使用优质绝缘材料来制作绝缘工具。

(2)必须将高压电场的场强限制到对人身安全和健康均无损害的程度。如果作业人员身体表面的电场强度短时不超过 200 kV/m,则是安全可靠的。如果超过上述值,则应采取必要的安全技术措施,如对人体加以屏蔽等。

(3)作业人员与带电体的距离,应保证在电力系统中产生各种异常电压时不致发生闪络放电。

(4)参加带电作业的人员需经过严格的培训,并考试合格,进行作业时要有专人监护。

(5)对于复杂的带电作业,应事先编制相应的操作工艺方案和严格的操作程序,并采取可靠的安全技术措施。

(6)带电作业应选在天气晴朗的日子进行。

(7)必须停止使用作业线路上断路器的自动重合闸装置。

习　　题

一、选择题

1. 高压检修时,应遵守(　　)的程序。

A. 验电—停电—放电—接地—挂牌—检修

B. 停电—验电—放电—接地—挂牌—检修

C. 放电—验电—停电—接地—挂牌—检修

D. 接地—验电—停电—放电—挂牌—检修

2. 隔离电器主要在(　　)时起隔离作用,通常用隔离开关或插头。

A. 电路检修　　　　B. 切断短路电流　　C. 切断过载电流

3. 隔离开关与高压断路器在结构上的不同之处在于(　　)。

A. 无灭弧机构　　　B. 无操作机构　　　C. 无绝缘机构

4. 可以进行多路市电和柴油发电机电源自动切换的设备是(　　)。

A. ATS　　　　　　B. SPM　　　　　C. STS　　　　　　D. UPS

5. 高压熔断器用于对输电线路和变压器进行(　　)。

A. 过压保护　　　　　　　　　　B. 过流/过压保护

C. 其他　　　　　　　　　　　　D. 过流保护

6. 隔离开关用于隔离检修设备与(　　)。

A. 高压电源　　　　　　　　　　B. 低压电源

C. 交流电源　　　　　　　　　　D. 直流电源

7. 电流互感器在运行过程中二次线圈回路不能(　　)。

A. 断路和短路　　　　　　　　　B. 断路

C. 短路　　　　　　　　　　　　D. 开路

8. 专业机房的熔断器的额定电流值应不大于最大负载电流的(　　)。

A. 1 倍　　　　　　B. 1.5 倍　　　　C. 2 倍

9. 下列不属于低压电器的为(　　)。

A. 断路器　　　　　　　　　　　B. 熔断器

C. 接触器　　　　　　　　　　　D. 避雷器

10. 装设接地线的顺序是(　　)。

A. 先接导体端后接接地端

B. 先接接地端后接导体端

C. 先接中间相后接两边相

11. 维护规程规定:停电检修时,应先停(　　)、后停(　　);先断(　　)开关,后断(　　)开关。送电顺序则相反。切断电源后,三相线上均应接地线。

A. 低压、高压;负荷、隔离　　　　　B. 低压、高压;隔离、负荷

C. 高压、低压;负荷、隔离　　　　　D. 高压、低压;隔离、负荷

12. 变配电设备的基本要求:(　　)。

A. 高压室禁止无关人员进入,在危险处应设防护栏,并设明显的"高压危险,不得靠近"字样告警牌

B. 高压防护用具(绝缘鞋、手套等)必须专用。高压防护用具、高压验电器及高压拉杆等应符合规定要求,并定期检测

  C. 高压维护人员必须持有高压操作证,无证者在征得主管领导同意后允许进行
操作

  D. 直流熔断器的额定电流值应不大于最大负载电流的 2.5 倍

  E. 交流供电应采用三相五线制,中性线可以安装熔断器

  F. 装在室外的电力变压器、调压器,其绝缘油每年检测一次,安装在室内的其绝缘
油每两年检测一次

  G. 停电检修时,应先停低压、后停高压;先断负荷开关,后断隔离开关。送电顺序则
相反。切断电源后,三相线上均应接地线

13. 通信电源设备的操作安全规定有:( )。

  A. 检修运行的动力系统设备时,应防止口袋内或工具袋内的金属材料和工具碰到
带电部位

  B. 禁止用电钻在带电的母线上钻孔

  C. 高空及带电作业应有 2 人以上,并有人负责监护

  D. 高压检修时,应遵守停电—验电—放电—接地—挂牌—检修的程序

  E. 清洁带电的设备时,不准采用金属或易产生静电的工具

二、填空题

1. 高压检修时应遵守停电—( )—放电—( )—挂牌—检修的程序。

2. 隔离开关无特殊的( )装置,因此它的接通或切断不允许在有( )的情况下
进行。

3. 配电屏四周的维护走道净宽应保持规定的距离,各走道均应铺上( )。

4. 通常高压开关柜内安装有高压( )、高压真空断路器、( )、高压熔断器、高
压仪用互感器和避雷器等器件。

5. 变压器是靠( )原理来传输功率的一种装置。

6. 常用的电力变压器有( )式变压器和( )式变压器两种。

7. 三相交流电 A、B、C 相分别用( )、( )、( )3 种颜色表示相序,中性线
一般用黑色做标记。

三、综合题

1. 高压开关柜结构的安全要求规定达到"五防",请简述"五防"包括哪些内容。

2. 简述交流供电系统的组成。

3. 简述高压电器的分类和作用。

4. 简述高压开关柜的组成和作用。

5. 变压器的作用是什么？

6. 低压电器操作有哪些注意事项？

7. 低压开关柜运行的一般要求有哪些？

8. 电压互感器、电流互感器的作用是什么，使用中的注意事项有哪些？

第3章 交流配电系统维护与测试

3.1 相关知识

3.1.1 交流配电的作用

低压交流配电的作用是集中、有效地控制和监视低压交流电源对用电设备的供电。小容量供电系统,如分散供电系统,通常由交流配电、直流配电和整流、监控等组成一个完整、独立的供电系统,集成安装在一个机柜内。大容量供电系统一般单独设置交流配电屏,以满足各种负载供电的需要。

3.1.2 交流配电的性能

交流配电屏(模块)的主要性能通常有以下几项。

(1) 要求输入两路交流电源,并可进行人工或自动倒换。如果能够实现自动倒换,必须有可靠的电气或机械联锁。

(2) 具有监测交流输出电压和电流的仪表,并能通过仪表、转换开关测量出各相相电压、线电压、相电流和频率。

(3) 具有欠压、缺相、过压告警功能。为便于集中监控,应同时提供遥信、遥测等接口。

(4) 提供各种容量的负载分路,各负载分路主熔断器熔断保护后,能发出声光告警信号。

(5) 当交流电源停电后,能提供直流电源作为事故照明。

(6) 交流配电屏的输入端应提供可靠的雷击、浪涌保护装置。

3.1.3 典型交流配电屏原理

1. 概述

DPJ19交流配电屏(如图3-1所示)是用于通信的配电设备,与直流配电屏电源系统配套使用,组成电源设备。DPJ19 交流配电屏的使用环境温度为 5～40 ℃,相对湿度不超过 90%,机房环境为无腐蚀性、爆炸性和破坏绝缘的气体及导电尘埃的环境,没有振动和颠簸,且垂直倾斜不超过 5%。

2. 技术性能

DPJ19 交流配电屏有 380 V/400A 和 380 V/600A 两种规格。

输入:两路市电输入,三相五线制,50 Hz。对应上述两种规格,其容量分别为 380 V/400 A 和 380 V/600 A。

输出:DPJ19-380 V/400 A　三相 160 A 四路

三相 100 A 四路

三相 63 A 两路

三相 32 A 三路

单相 32 A 三路。

图 3-1　DPJ19 交流配电屏

下面详细地介绍 DPJ19 交流配电屏的技术性能。

3. DPJ19 交流配电屏的技术性能

DPJ19 交流配电屏的输入端接有压敏电阻作避雷器用,由两路市电输入,或一路市电、一路油机输入。Ⅰ路市电为主用,Ⅱ路为备用。当Ⅰ路市电停电时,应自动倒换到Ⅱ路市电(或油机);当Ⅰ路市电来电时,应自动由Ⅱ路市电(或油机)倒换到Ⅰ路市电。输出有 16 个分路,由空气开关 QF3(3)～QF18(18)输出。

两路市电倒换均有可靠的电气与机械联锁。

当两路交流电停电时,有事故照明输出:48 V,60 A,DC。

DPJ19 交流配电屏具有交流电压传感器和交流电流传感器,其测量信号除了送往本屏的数字电压表和数字电流表外,还经输出端子送往电源上的监控单元,供集中监控使用。

市电Ⅰ(市电Ⅱ)供电及 160 A 分路开关合闸均能送出一对动合信子供监控采样。

4. 工作原理

图 3-2 为 DPJ19 交流配电屏的电路图。

市电Ⅰ、市电Ⅱ分别经空气开关 QF1(1)、QF2(2)输入,当市电Ⅰ有电时,继电器 K1(49)吸合而切断接触器 KM2(34)的线圈回路,同时接通接触器 KM1(33)的线圈回路,使接触器 KM1(33)吸合,市电Ⅰ经接触器 KM1(33)至负载分路开关 QF3(3)～QF18(18)输出。同理,当市电Ⅰ停电时,继电器 K1(49)失电,释放接通接触器 KM2(34)的线圈回路,当市电Ⅱ(或油机)有电时,接触器 KM2(34)吸合,市电Ⅱ(或油机)经接触器 KM2(34)至负载分路开关供电。

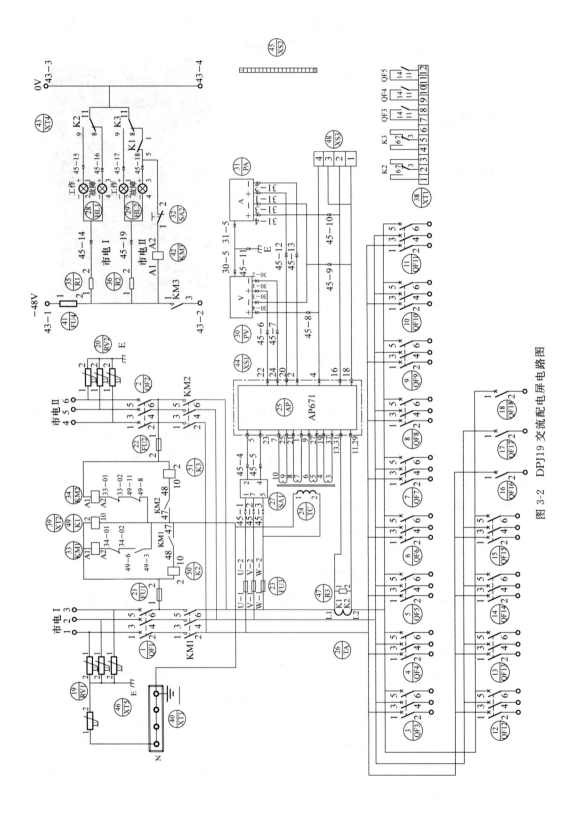

图 3-2 DPJ19 交流配电屏电路图

在负载端 W 相装设电流互感器,用于测量 W 相的总电流。电流信号送至印制板 AP671。另在负载端装设三相线电压转换开关,转换后的电压信号送至印制板 AP671。

印制板 AP671 为测量交流电压和电流的传感器板,其上装有电流传感器、电压传感器及其辅助电源。

交流电压经三相线电压转换开关 SA1(27) 取样输入,交流电流由互感器 TA(26) 取样输入。辅助电源由变压器 TC(24) 的 4 组次级电压输入。

AP671 的端子 4 输出的是经交流电压传感器隔离变换为 $0\sim5$ V 的直流信号电压,端子 16 输出的是经交流电流传感器隔离变换为 $0\sim5$ V 的直流信号电压,端子 18 为信号公共端。端子 16、4、18 分别与端子 XS3(48) 的 2、4、1 端相连,作为信号输出端。DK04 监控模块接收上述信号后,将在显示屏上显示交流电压值、电流值。

AP671 的端子 22、24 输出数字电压表的 +5 V 工作电源,端子 20、2 输出数字电流表的 +5 V 工作电源。

接通主电路后,辅助电源接通,印制板 AP671 上的一个红色发光二极管会亮,表示测量电路的辅助电源已经工作。观察数字电压表和数字电流表,应有显示。

当输入交流电压为 380 V 时,测量端子 XS3(48) 的 3、4 端应有经交流电压传感器隔离变换的 +3.8 V 左右的直流信号电压。

交流电压传感器的变比为 500 V(AC)/5 V(DC)。用户可用外接仪表进行校对。

测量端子 XS3(48) 的 1、2 端应有经交流电流传感器隔离变换的直流信号电压(若此时未接负载,则直流信号电压为零)。

交流配电屏采用的交流电流互感器的变比因交流屏的型号而异:DPJ19-380/400 Ⅱ 型为 400 A/5 A,DPJ19-380/600 Ⅱ 型为 630 A/5 A。交流电流传感器的变比为 5 A (AC)/5 V(DC)。故交流电流的总变比为:DPJ19-380/400 Ⅱ 型为 400A(AC)/5 V(DC),DPJ19-380/600 Ⅱ 型为 630 A(AC)/5 V(DC)。当接入负载后,用户可用外接仪表进行校对。

在交流电压传感器和交流电流传感器上均有两个调整孔,左孔内的电位器可调整输出信号的幅值,右孔内的电位器可调整输出信号的零点。必要时,可用外接仪表同时测量交流输入信号和直流输出信号的电压,对交流电压传感器和交流电流传感器的零点和变比进行调整。

变压器 TC(24) 为印制板 AP671、电压表 PV(30) 和电流表 PA(31) 提供辅助电源。

DPJ19 交流配电屏装有事故照明装置。XT4(43) 是直流照明接线端子,43-3 接 48 V 的正极,43-1 接 48 V 的负极。当两路市电都停电时,KM3(42) 直流接触器线圈接通,其接点 1、3 闭合。当市电来电时,KM3(42) 释放,自动切断事故照明电源。电阻 R1(35) 和 R2(36) 分别是信号灯 HL1(28) 和 HL2(29) 的降压电阻。

5. DPJ19 交流配电屏的操作规程与调整规范

前门上装有交流电压表、交流电流表、信号灯及电压表转换开关,进线开关及负荷开关均开门操作。XT2(39)为市电Ⅰ、Ⅱ的进线端子,XT2(39)的1、2、3端为市电Ⅰ进线,4、5、6端为市电Ⅱ进线,所有输出的负载线均由用户直接从负载分路开关上引出。

DPJ19 交流配电屏的事故照明进线由接线端子 XT4(43)的1、3端输入,2、4端输出。

3.2 典型工作任务

3.2.1 常用测量工具的使用

1. 数字万用表

万用表具有用途多、量程广、使用方便的优点,是电气测量中最常用的工具。它可以用来测量电阻、交(直)流电流、电压和频率,测量晶体管的主要参数和电容器的电容量等。常见的万用表分为指针(模拟)式和数字式两种。以 VC9800 系列数字万用表为例,介绍一下数字万用表的使用方法和使用中的注意事项。数字万用表如图 3-3 所示。

图 3-3　数字万用表

(1)数字万用表安全事项

测量时,禁止输入超过量程的极限值;36 V 以下的电压为安全电压,在测量高于 36 V 的直流电压、高于 25 V 的交流电压时,要检查表笔是否接触可靠,是否连接正确、是否绝缘良好等,以免遭受电击;换功能和量程时,表笔应该离开测试点;选择正确的功能和量程,谨防误操作;在电池没有装好和后盖没有上紧时,不要使用此表进行测试工作;测量电阻时,勿输入电压值;在更换电池和保险丝前,将测试表笔从测试点移开,并关闭电源开关。

(2)数字万用表使用方法

① 直流电压测量

将黑表笔插入"COM"插孔,红表笔插入"V/ΩHz"插孔。将量程开关转至相应的 DVC 量程上,然后将测试表笔跨接在被测电路上,红表笔所接的点的电压与极性将显示在屏幕上。

② 交流电压测量

将黑表笔插入"COM"插孔,红表笔插入"V/ΩHz"插孔。将量程开关转至相应的 AVC 量程上,然后将测试表笔跨接在被测电路上。

注意：如果事先对被测电压的范围没有概念，应先将量程开关转到最高的挡位，然后根据显示值转至相应的挡位上。如屏幕显示"1"，表明已超过量程范围，需将量程开关转至相应挡位上。测试前各量程会存在一些残留数字，但不影响测量准确度。输入电压切勿超过 700 V，如超过，则有损坏仪表电路的危险；当测量高电压电路时，千万避免触及高压电路。

数字万用表测量直流熔丝通断如图 3-4 所示。

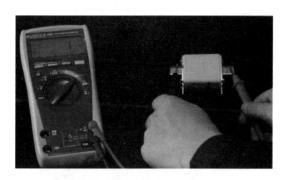

图 3-4　数字万用表测量直流熔丝通断

（3）数字万用表注意事项

数字万用表的使用注意事项如下：防尘、防水、防摔；不宜在高温高湿、易燃易爆和强磁场的环境下存放、使用仪表；如果长时间不用，应取出电池，防止电池漏液腐蚀仪表；注意电池的使用情况，发现电量不足时，应及时更换电池。

2. 钳形电流表

钳形电流表（简称钳形表）携带方便，无须断开电源和接线就可直接测量运行中的电气设备的工作电流，因此使用广泛。钳形电流表如图 3-5 所示。

图 3-5　钳形电流表

下面以数字式交直流钳形表为例，介绍钳形电流表的功能和使用方法。

① 电流钳：测量电流时需要将电流钳卡接在被测的导线或铜排上，如图 3-6 所示。

② 显示屏（表头）。

③ 功能档位转盘:用于选择不同的测量功能和挡位,其中一端标示"AC/Ω",用于测量交流电流、交流电压和电阻;另一端标示"DC",用于测量直流电流和直流电压。

④ 电源开关及挡位量程指示:"OFF"档表示关闭仪表。

⑤ DC A/O ADJ:校零旋钮,用于测量直流电流时的调零。

⑥ VOLT:电压测量输入插口,测量电压时用于接插红表笔。

⑦ COM:公共输入插口,测量交流电压、直流电压和电阻时用于接插黑表笔。

⑧ OHMS:电阻测量输入口,测量电阻时用于接插红表笔。

⑨ OUTPUT:测量信号输出口。

⑩ HOLD:保持键,该键具有锁定功能,在测试空间小到不便观察的场合,测量后将该按钮按下,使仪表从被测电路上断开后测试数据仍能够保存在屏幕上。

图 3-6　钳形电流表测交流电流

钳形电流表的使用要求如下。

① 被测电路的电压不能超过钳形表上所标明的数值,否则容易造成接地事故,或者引起触电危险。

② 每次只能测量一相(根)导线的电流,被测导线应置于钳形窗口中央,不可以将多相导线夹入窗口测量。

③ 使用钳形表测量前应先估计被测电流的大小再决定用哪一量程,若无法估计,可先用最大量程档,然后适当地换小些,以准确读数,不能使用小电流档去测量大电流,以防损坏仪表。

④ 钳口在测量时闭合要紧密,闭合后如有杂音,可打开钳口重闭一次,若杂音仍不能消除,应检查磁路上的各接合面是否光洁,有尘污时要擦拭干净。

⑤ 由于钳形电流表本身精度较低,在测量小电流时,可先将被测电路的导线绕几圈,再放进钳形表的钳口内进行测量。此时钳形表所指示的电流值并非实际值,实际电流应当为钳形表的读数除以导线缠绕的圈数。

⑥ 维修时不要带电操作,以防触电。

3. 兆欧表

在电机、电器和供用电线路中,绝缘性能的好坏对电力设备的正常运行和安全用电起着至关重要的作用。绝缘材料性能重要的参数之一是它本身绝缘电阻值的大小,绝缘电阻值越大,其绝缘性能越好,电力设备线路也就越安全。兆欧表是测量绝缘电阻的仪表。

兆欧表(如图 3-7 所示)又称摇表,表面上标有符号"MΩ",是测量高电阻的仪表,一般用来测量电机、电缆、变压器和其他电气设备的绝缘电阻。设备投入运行前,其绝缘电阻应该符合要求。如果绝缘电阻降低(往往由受潮、发热、受污、机械损伤等因素所致),不仅会造成较大的电能损耗,严重时还会造成设备损伤或人身伤亡事故。在选择兆欧表电压时,原则是:其额定电压一定要与被测电力设备或者线路的额定电压相适应。电压高的电力设备对绝缘电阻值要求大一些,需使用电压高的兆欧表来测试;而电压低的电力设备,它

图 3-7 兆欧表

内部所能承受的电压不高,为了设备的安全,测量绝缘电阻时就不能用电压太高的兆欧表。

常用的兆欧表的额定电压有 250 V、500 V、1 000 V、2 500 V 等几种;测量范围有 50 MΩ、1 000 MΩ、2 000 MΩ 等几种。

(1) 兆欧表的构造和工作原理

兆欧表主要由作为电源的手摇发电机(或其他直流电源)和作为测量机构的磁电式流比计(双动线圈流比计)组成。测量时,实际上是给被测物加上直流电压,测量其通过的泄漏电流,在表的盘面上读到的是经过换算的绝缘电阻值。

兆欧表

兆欧表的测量原理如图 3-8 所示。在接入被测电阻 R_x 后,电路中构成了两条相互并联的支路,当摇动手摇发电机时,两条支路分别通过电流 I_1 和 I_2。可以看出

$$\frac{I_1}{I_2} = \frac{(R_2 + r_2)}{(R_1 + r_1 + R_x)} = f(R_x)$$

考虑到两电流之比与偏转角满足的函数关系,不难得出

$$\alpha = f(R_x)$$

可见,指针的偏转角 α 仅是被测绝缘电阻 R_x 的函数,而与电源电压没有直接关系。

(2) 兆欧表使用方法

在兆欧表上有 3 个接线端钮,分别标为接地 E、电路 L 和屏蔽 G。一般测量仅用 E、L 两端,E 通常接地或接设备外壳,L 接被测线路和电机、电器的导线或电机绕组。测量电

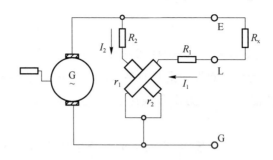

图 3-8　兆欧表的测量原理

缆芯线对外皮的绝缘电阻时,为消除芯线绝缘层表面漏电引起的误差,还应在绝缘层上包以锡箔,并使之与 G 端连接,如图 3-9 所示。这样就使得流经绝缘表面的电流不再经过流比计的测量线圈,而是直接流经 G 端构成回路,所以,测得的绝缘电阻只是电缆绝缘的体积电阻。

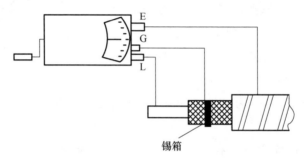

锡箔

图 3-9　电缆绝缘电阻测量接线图

（3）兆欧表测量绝缘电阻注意事项

① 测量前应正确选用表计的规格,使表计的额定电压与被测电气设备的额定电压相适应。额定电压 500 V 及以下的电气设备一般选用 500～1 000 V 的兆欧表,额定电压 500 V 以上的电气设备选用 2 500 V 的兆欧表,高压设备选用 2 500～5 000 V 的兆欧表。

② 使用兆欧表时,首先鉴别兆欧表的好坏,在未接被试品时,先驱动兆欧表,其指针上升到"∞"处,然后将两个接线端钮短路,慢慢摇动兆欧表,指针应指到"0"处,符合上述情况说明兆欧表是好的,否则不能使用。

③ 使用时必须水平放置,且远离外磁场。

④ 接线柱与被试品之间的两根导线不能绞线,应分开单独连接,以防止绞线绝缘不良而影响读数。

⑤ 测量时,转动手柄应由慢渐快提高转速,上升到 150 r/min 保持不变,待调速器发生滑动后,即为读数稳定,一般应取 1 min 后的稳定值。如发现指针指零时不允许连续摇动,以防线圈损坏。

⑥ 在有雷电的情况下和邻近带高压导体的设备时,禁止使用仪表进行测量,只有在

设备不带电,且又不可能受到其他感应电而带电时,才能进行。

⑦ 在进行测量前后对被试品一定要进行充分放电,以保障设备及人身安全。

⑧ 测量电容性电气设备的绝缘电阻时,应在取得稳定值读数后,先取下测量线,再停止转动手柄。测完后立即对被测设备接地放电。

⑨ 避免长期剧烈振动,使表头轴尖受损而影响刻度指示。

⑩ 仪表在不使用时应放在固定的地方,环境温度不宜太热和太冷,切勿放在潮湿、污秽的地面上,并避免置于含有腐蚀作用的空气附近。

3.2.2　低压交流配电屏维护

(1) 交流配电屏应能接入两路交流电源。当交流配电屏同时接入两路以上交流电源使用时,必须具有电气联锁装置,严禁并路使用。当任何一路发生停电或缺相时应发出告警信号。

(2) 交流配电屏应在说明书规定的容量范围内使用,不得超出其额定值。

(3) 交流配电屏在接入电源时,其相序应连接正确,备用发电机与外供电源的相序必须一致。

(4) 交流配电屏的外壳及避雷保护装置必须接保护地线,保护地线的截面积应≥4 mm²,保护地线的接地电阻必须≤4 Ω;置放交流配电屏的地面应设绝缘胶垫。

(5) 交流配电屏维护项目及维护质量标准如表 3-1 和表 3-2 所示。

表 3-1　交流配电屏及电源配线的维护项目及周期

序　号	类　别	维护项目	周　期
1	日常检修	(1) 各部清扫检查 (2) 停电及缺相告警试验 (3) 转换开关及指示灯检查	每月一次
2	定期维护	(1) 维修质量标准测试 (2) 保护地线检查及接地电阻测量 (3) 强度检查及配线整理 (4) 电缆架(沟)及电源线清扫检查 (5) 仪表检查校对	每年一次
3	重点维护	(1) 更换熔断器、断路器 (2) 电源配线整理及更换老化配线 (3) 馈电线绝缘测试 (4) 仪表修理 (5) 其他重点整修项目	根据需要

表 3-2 交流配电屏的维护质量标准

序 号	项 目	质量标准
1	性 能	(1) 能同时接入两路市电一路备用发电机或一路市电两路备用发电机 (2) 具有市电与备用发电机电源之间的转换性能,且在转换过程中保证不发生并路(撞路)
2	熔断器或断路器容量	按最大负载的 1.2～1.5 倍选取
3	绝缘电阻	≥5 MΩ 用 500 V 兆欧表测量
4	告 警	发生下列情况时,必须发出音响及灯光告警信号 ① 市电发生停电时 ② 备用发电机停机时 ③ 保证《产品说明书》规定的告警正常使用
5	配 线	(1) 汇流排的距离:线间≥20 mm 线与机架间≥15 mm (2) 配线整齐牢固,焊(压)接及包扎良好 (3) 铜、铝连接时必须采用铜铝过渡连接 (4) 配线时,馈电线两端必须有明确的标志(标号)
6	仪 表	1.5 级

3.2.3 交流配电设备巡视检查

交流配电设备巡视检查的主要内容为,电线、电缆、母排的运行电流是否超过额定允许值,且当电气设备通过额定电流时,各电器元件和部件的温升是否超过规定值。各部件额定允许温度如表 3-3 所示。

表 3-3 各部件额定允许温度

名 称	额定允许温度/℃
刀闸开关	65
塑料电线、电缆(特殊电缆除外)	65
裸母排	70
电线端子母排接点	75
熔断器	80
油浸变压器上部外壳	85

3.2.4　交流配电设备安全要求

交流配电设备安全的基本要求如下。

（1）交流配电设备运行维护安全基本要求：专业维护、专业人员、持证上岗。

（2）节约能源。机房内应对停用或已退网的设备关闭电源。无人值守机房应做到人走灯灭，提倡采用告警联动灯控管理措施，杜绝长明灯。科学配置空调，保证设备通风散热，高效地利用空调。

（3）机房所有输入、输出缆线敷设规整有序，电力线与信号线（用户电缆、中继电缆）的走线要分别布放，各线或线捆之间不能相互交越、交叉，保证三线分离。机房内应使用阻燃型线缆，避免布线出现接头。所有交流电源线路严禁存在"大开关小线径"现象。

（4）各动力机房及设备要有用电安全的警示性标识和防护措施。各类设备的输入、输出线缆及各类地线要有明确的标识。

习　　题

一、选择题

1. 兆欧表用来测量（　　　）。

A. 接地电阻　　　　　B. 绝缘电阻　　　　　C. 以上两者都可以

2. 兆欧表在进行测量时接线端的引线应选用（　　　）。

A. 单股软线　　　　B. 双股软线　　　　C. 单股硬线　　　　D. 双股绞线

3. 交流供电三相电路中，以（　　　）三种颜色来标示 ABC 三相电源的相序。

A. 黄绿红　　　　　B. 黄红绿　　　　　C. 红绿黄　　　　　D. 绿红黄

4. 安装电源的交流输入电缆时，应该（　　　）。

A. 先接三相火线，再接零线，最后接地线

B. 先接零线，再接地线，最后接火线

C. 先接地线，再接零线，最后接火线

D. 先接地线，再接火线，最后接零线

5. 油机电源与市电电源之间应有可靠的（　　　）联锁。

A. 电气　　　　　　B. 机械　　　　　C. 电气和机械　　　D. 人工

第4章 油机发电机组

4.1 相关知识

4.1.1 柴油发电机概述

在通信系统中,交换机及各种直流负载依靠市电整流后供电、交流负载依靠市电供给电源。一旦市电发生中断,交流负载同步断电,立即停止工作;蓄电池组提供直流负载工作用电的时间是有限的,随着蓄电池容量的逐渐下降,直流负载停止工作的情况也很快就会出现。所以,在市电停电时,发电和及时开启供电是非常重要的。

柴油发电机组是自备电站的交流供电设备,也是一种独立的中小型发电设备,由于它具有机动灵活、投资较少、随时可以启动等特点,因此广泛地应用于通信等各个行业。

柴油发电机组电源供电标准应符合表4-1的要求。

表 4-1 柴油发电机组电源供电标准

标称电压/V	受电端子电压变动范围/V	频率标称值/Hz	频率变动范围/Hz	功率因数
220	209～231	50	±1	0.8
380	361～399	50	±1	0.8

1. 柴油发电机组的组成

柴油发电机组由柴油机和发电机两部分组成,用柴油机作为动力,驱动三相交流发电机提供电能。柴油发电机组供电方框图如图4-1所示。

柴油机与发电机通过连接器牢固地连接在一起,这样,柴油机以1 500 r/min(发电机为两对磁极时)拖动发电机同步运转,发电机发出380 V/220 V、50 Hz的交流电,通过电力电缆送至发电机配电屏,通过电力电缆送到市电、油机转换屏,由此屏送到交流配电屏,由交流配电屏分配到各负载。

油机发电机
作用和组成

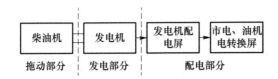

图 4-1　柴油发电机组供电方框图

柴油发电机组的分类如下。

(1) 按转速:高、中、低速机组。按一般的习惯,柴油机曲轴转速大于 1 000 r/min 的称为高速柴油机;转速为 750～1 000 r/min 的称为中速柴油机;转速小于 750 r/min 的称为低速柴油机。

(2) 按用途:应急、备用和常用发电机组。

(3) 按控制方式:普通机组、自动化机组(无人值守机组)。

(4) 按内燃机的冷却方式:水冷和风冷。

(5) 按内燃机的进气方式:增压和自然吸气式。

内燃机工作的必要条件:①密封空间;②燃料;③空气。

柴油机在发展过程中经历过 3 次技术飞跃:其一为机械式燃油系统;其二为增压和中冷技术;其三为电控喷油技术。

2. 机组的结构简介

现代柴油发电机组是由柴油机、三相交流无刷同步发电机、控制箱(屏)、散热水箱、联轴器、燃油箱、消声器及公共底座等组件组成的刚性整体。除功率较大的机组的控制屏、燃油箱采用单独装置设计,其他的主要部件均装置在由型钢焊接而成的公共底座上,便于移动和安装。

柴油机的飞轮壳与发电机前端盖的轴向采用凸肩定位直接连接成一体,并采用圆柱形的弹性联轴器,由飞轮直接驱动发电机旋转。这种连接方式由螺钉固定,使两者连接成一刚体,保证了柴油机的曲轴与发电机转子的同心度在规定允许的范围内。

为了减小机组的振动,在柴油机、发电机、水箱和电气控制箱等主要组件与公共底架的连接处,通常均装有减振器或橡皮减振垫。

柴油发电机组如图 4-2 所示。

3. 机组的类型和功能

油机发电机组的类型很多,按其结构形式、控制方式和保护功能等的不同,可分为下述几种类型。

(1) 基本型机组

基本型机组最为常见,一般由柴油机、封闭式水箱、油箱、消声器、同步交流发电机、励磁电压调节装置、控制箱(屏)、联轴器和底盘等组成。该类机组具有电压和转速自动调节功能,通常能作为主电源或备用电源。

图 4-2　柴油发电机组

（2）自启动机组

自启动机组在基本型机组的基础上增加了自动控制系统,它具有自动化的功能。当市电突然停电时,机组能自启动、自切换、自运行、自投入和自停机等;当机油压力过低、机油温度或冷却水温过高时,机组能自动发出声光告警信号;当机组超速时,能自动紧急停机进行保护。

（3）微机控制自动化机组

微机控制自动化机组由性能完善的柴油机、三相无刷同步发电机、燃油自动补给装置、机油自动补给装置、冷却水自动补给装置及自动控制屏等组成。自动控制屏采用可编程自动控制器（PLC）控制,它除了具有自启动、自切换、自运行、自投入和自停机等功能外,还配有各种故障报警和自动保护装置,此外,它还能通过 RS232 通信接口与主计算机连接,进行集中监控,能够实现遥控、遥信和遥测,做到无人值守。

4.1.2　柴油发动机

将一种能量转变为机械能的机器,叫作发动机。把燃料燃烧所产生的热能转化为机械能的发动机统称作热机,如蒸汽机、柴油机等。根据燃料燃烧过程所处地点的不同,热机可分为外燃机和内燃机两大类。

燃料在发动机外部进行燃烧的热机叫作外燃机,如蒸汽机（往复式）、汽轮机（回转式）等;燃料直接在发动机内部进行燃烧的热机叫作内燃机,如柴油机、汽油机、天然气机等。

内燃机就是利用燃料燃烧后产生的热能来作功的。柴油发动机是一种内燃机,它是由柴油在发动机气缸内燃烧产生高温高压气体,然后经过活塞连杆和曲轴机构转化为机械动力的。

1. 活塞式内燃机工作原理

把柱塞装在一个一端封闭的圆筒内,于是柱塞顶面与圆筒内壁构成一个封闭空间,如果用一个推杆将柱塞和一个轮子连接起来,则柱塞移动时,便通过推杆推动轮子旋转,从而把空气所得到的热能转化为推动轮子旋转的机械能。

内燃机的工作过程,就是按照一定的规律不断地将燃料和空气送入气缸,并在气缸内着火燃烧,放出热能,燃气在吸收热能后产生高温高压,推动活塞作功,将热能转化为机械能的过程。

图 4-3 为活塞式内燃机(柴油机)装置的示意图。活塞式内燃机由一个独立的发动机构成,工作时燃料和空气直接送到发动机的气缸内部进行燃烧,放出热能,形成高温、高压的燃气,推动活塞移动,然后通过曲柄连杆机构对外输出机械能。

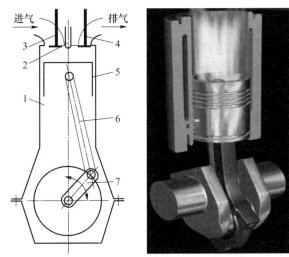

1—气缸体; 2—喷油器; 3—进气门;
4—排气门; 5—活塞; 6—连杆; 7—曲轴

图 4-3　柴油机装置示意图

2. 内燃机的机械传动机构

在往复式内燃机中,曲柄连杆机构的作用是将活塞的往复直线运动变成曲轴的旋转运动,以实现热能和机械能的相互转化。

内燃机的曲柄连杆机构由活塞 1、连杆 3 和曲轴 4 等构成,曲柄连杆机构的工作原理如图 4-4 所示。

活塞只能沿气缸作直线往复运动。曲轴由两个中心线在同一直线上的轴构成,其中一个轴安置在机体中心孔内,称作主轴,主轴只能在机体座孔内绕本身的中心线转动;另一轴通过曲柄与主轴连接在一起,称作连杆轴,它绕着主轴进行旋转。连杆为两端带有孔的一直杆,一端与活塞相连,另一端与连杆轴相连,它随着活塞的移动和曲轴的旋转而进行摆动。

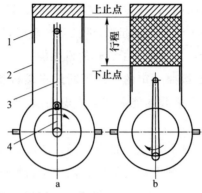

1—活塞；2—气缸体；3—连杆；4—曲轴

图 4-4 曲柄连杆机构原理图

当活塞往复运动时,通过连杆推动曲轴绕主轴中心产生旋转运动。活塞移动与曲轴转动是相互牵连的,因此,活塞的移动位置与曲轴的转动位置是相对应的。

为便于叙述,下面介绍几个专业名词。

(1)上止点。活塞能达到的最上端位置,叫作上止点。

(2)下止点。活塞能达到的最下端位置,叫作下止点,此时活塞与曲轴主轴中心的距离最近。

(3)冲程。活塞从上止点移动到下止点,或从下止点移动到上止点时,所走过的距离叫作活塞行程(又称作冲程)。

4.1.3 单缸四冲程柴油机工作原理

活塞连续运行 4 个冲程(即曲轴旋转两周)的过程中,完成一个工作循环(进气—压缩—燃烧膨胀—排气)的柴油机,叫作四冲程柴油机。

图 4-5 为单缸四冲程柴油机工作过程示意图,图中的 4 个图形分别表示 4 个冲程开始与终了时的活塞位置。

下面对照单缸四冲程柴油机工作过程示意图,来说明它的工作过程。

工作原理

1. 第一冲程——进气过程

活塞从上止点移动到下止点。这时进气门打开,排气门关闭。进气过程开始时,活塞位于死点位置(图 4-5a)。气缸内残留着上次循环未排净的残余废气(图中以小十字符号表示)。

当曲轴沿图 4-5a 中箭头所示的方向旋转时,通过连杆带动活塞向下移动,同时进气门打开。随着活塞的下移,气缸内部容积增大,压力随之减小,当压力低于大气压力时,外部的新鲜空气开始被吸入气缸。直到活塞移动到死点位置,气缸内充满了新鲜空气(图 4-5b 中圆圈所示)。

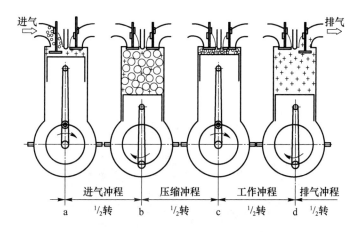

进气　　　　　　　　　　　　　　排气

| 进气冲程 | 压缩冲程 | 工作冲程 | 排气冲程 |
| a　$\frac{1}{2}$转 | b　$\frac{1}{2}$转 | c　$\frac{1}{2}$转 | d　$\frac{1}{2}$转 |

图 4-5　单缸四冲程柴油机工作过程示意图

在新鲜空气进入气缸的过程中,由于空气滤清器、进气管、进气门等阻力的影响,所以进气终了时气缸内的气体压力略低于大气压力,又因空气从高温的残余废气和燃烧室壁吸收热量,故温度可达 35~50 ℃。在进气过程中气缸的气体压力基本保持不变。

2. 第二冲程——压缩过程

活塞由下止点移动到上止点,在这期间,进、排气门全部关闭。压缩过程开始时,活塞位于下止点(图 4-5b)。曲轴在飞轮的惯性作用下被带动旋转,通过连杆推动活塞向上移动,气缸内的容积逐渐减小,新鲜空气被压缩,压力和温度随之升高。

为了达到高温气体引燃柴油的目的,柴油机都具有较大的压缩比,使得压缩终了时,气缸内的气体温度比柴油的自燃温度高出 200~300 ℃(柴油的自燃温度约为 200~300 ℃)。

3. 第三冲程——燃烧膨胀过程

活塞又从上止点移动到下止点。此时,进、排气门仍然都关闭着。喷入气缸内的燃料在高温空气中着火燃烧,产生大量热能,使气缸内的温度、压力急剧升高。高温、高压气体推动活塞向下移动,通过连杆,带动曲轴转动。因为只有这一行程才实现热能与机械能的转化,因此,通常把该行程叫作工作行程。

在燃烧与膨胀过程中,气缸内气体的最高温度可达 1 700~2 000 ℃,最高压力为 60~90 kg/cm²。随着活塞被推动下移,气缸容积逐渐增大,气体压力随之减小。

4. 第四冲程——排气过程

活塞又从下止点移动到上止点。此时,排气门打开,进气门关闭。排气过程开始时,活塞位于下止点,气缸内充满燃烧并膨胀作功的废气。排气门打开后,废气随着活塞上移,被排出气缸。排气过程结束时,活塞又回到上止点位置(图 4-5a),至此单缸四冲程柴油机完成了一个工作循环。

曲轴依靠飞轮转动的惯性作用继续旋转,上述各过程重复进行。如此周期性地循环工作,使柴油机能够连续不断地运转。

图 4-6 所示为汽油发动机。四冲程汽油机的工作过程,与四冲程柴油机的工作过程是一样的。汽油机与柴油机的主要区别如表 4-2 所示。

图 4-6 汽油发动机

表 4-2 汽油机与柴油机的主要区别

项　目	汽油机	柴油机
燃　料	汽　油	柴　油
点火方式	点　燃	压　燃
压缩比	5～10	15～22
进气门进入	汽油与空气的混合气体	空　气
机体结构	① 有一套点火系统(含火花塞、分电盘、高压点火线包) ② 化油器 ③ 无喷油器	① 无点火系统 ② 无化油器 ③ 有喷油器(俗称喷油嘴)

4.1.4 柴油发动机的结构

柴油机由机体、曲柄连杆机构、配气机构、进排气系统、燃油系统、润滑系统、冷却系统、启动系统等组成。

1. 机体

机体组件包括机体(气缸-曲轴盖)、气缸和油底壳等,这些零件构成了柴油机的骨架,所有的运动件和辅助系统都由其支承。机体组件如图 4-7

机体

所示。

图 4-7　机体组件

（1）水冷发动机的气缸体和上曲轴箱常铸成一体，一般用灰铸铁铸成，气缸体上部的圆柱形空腔称为气缸，下半部为支承曲轴的曲轴箱，其内腔为曲轴运动的空间。在气缸体内部铸有许多加强筋，以及挺柱腔、冷却水套和润滑油道、水道等。

（2）气缸。燃料在气缸中燃烧时，温度可高达 1 500～2 000 ℃，因此，油机中必须采用冷却水散热，为此，气缸壁做成中空的夹层，两层之间的空间称为水套。

（3）油底壳。油底壳由薄钢板冲压而成，其内部设有稳油挡板，以防止振动时油底壳的油面产生较大的波动，最低处有放油塞（磁性），曲轴箱与油底壳之间有密封衬垫。油底壳的功用是贮存和冷却机油并封闭曲轴箱。

2. 曲柄连杆机构

曲柄连杆机构的主要部件有气缸-曲轴箱、气缸盖、活塞、连杆、曲轴、飞轮等。曲柄连杆机构如图 4-8 所示。

曲柄连杆机构

图 4-8　曲柄连杆机构

曲柄连杆机构是发动机实现工作循环，完成能量转化的主要运动部件。在作功行程中，活塞承受燃气压力在气缸内作直线运动，通过连杆转化成曲轴的旋转运动，并由曲轴对外输出动力。而在进气、压缩和排气行程中，飞轮释放的能量又把曲轴的旋转运动转化成活塞的直线运动。

3. 配气机构

配气机构的作用是适时地向气缸内提供新鲜空气,并适时地排出气缸中燃料燃烧后的废气,它由进气门、排气门、凸轮轴及其传动零件组成。配气机构如图 4-9 所示。

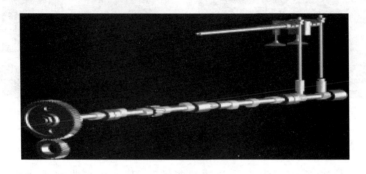

图 4-9　配气机构

配气机构能够根据发动机的工作顺序和工作过程,定时开启和关闭进气门和排气门,使可燃混合气或空气进入气缸,并使废气从气缸内排出,实现换气过程。常用的配气机构大多为顶置气门式配气机构,该机构一般由气门组、气门传动组和气门驱动组组成。

配气机构与
进排气系统

4. 进排气系统

进排气系统由空气滤清器,进、排气管,消声器等组成。增压柴油机的进排气系统则还包括废气涡轮增压器及中冷器。

(1)空气滤清器。空气滤清器的作用是滤除空气中的灰尘及杂质,使进入气缸的空气清洁。

(2)进、排气管。进、排气管的作用是引导新鲜空气进入气缸和使废气从气缸排出。

(3)消声器。消声器的作用是消除排出废气时的噪声和废气中的火星。它的工作原理为降低排气的压力波动和消耗废气流的能量。

5. 燃油系统

燃油系统(如图 4-10 所示)按照柴油机工作过程的需要,将一定数量的柴油,在一定的时间内以一定的压力雾化并喷入气缸,与压缩空气形成均匀的可燃混合气,从而燃烧。燃油系统包括柴油箱、输油泵、柴油滤清器(有粗细两种,一般粗滤器设在输油泵之前,细滤器设在输油泵之后)、喷油泵、喷油器(喷油嘴)等。

喷油泵的作用是根据柴油机工作的需要,定时将柴油以一定的高压送往喷油嘴。

喷油嘴的作用是将喷油泵送来的高压柴油以雾状颗粒喷入燃烧室中,与燃烧室中的空气形成良好的可燃混合气。雾化质量直接影响柴油机的动力性、经济性和排放性能。

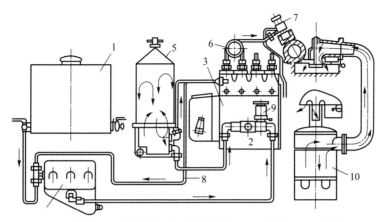

1—油箱；2—低压油泵；3—高压油泵体；4—粗滤器；5—细滤器；
6—高压油管；7—喷油嘴；8—回油管；9—手泵把；10—空气滤清器

图 4-10　燃油系统

6. 润滑系统

发动机四大系统

润滑系统(如图 4-11 所示)由油底壳、油机滤清器、机油泵、机油散热器、喷嘴、油压表等组成。目前常用的润滑方法是在摩擦表面覆盖一层润滑油,使固体摩擦转变为液体摩擦,以减小摩擦阻力,降低功率损耗,减轻机件磨损,延长柴油机的使用寿命。实现润滑作用的各种零件的组合,称为润滑系统。

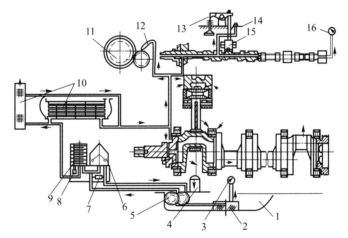

1—油底壳；2—机油滤清器；3—油温表；4—加油口；5—机油泵；6—离心式机油细滤器；
7—调压阀；8—旁通阀；9—机油粗滤器；10—机油散热器；11—齿轮系；
12—喷嘴；13—气门摇臂；14—缸盖；15—顶杆套筒；16—油压表

图 4-11　润滑系统结构

润滑系统的作用如下。

(1)润滑。将润滑油不断地供给各零件的摩擦表面,形成润滑油膜,减小零件的摩擦、磨损,降低功率损耗。

(2) 清洁。发动机工作时,不可避免地会产生金属磨屑,加上空气带入的尘埃及燃烧所产生的固体杂质等,这些颗粒若进入零件的工作表面,就会形成磨料,大大加剧零件的磨损。润滑系统通过润滑油的流动将这些磨料从零件表面冲洗下来,带到曲轴箱,大的颗粒沉到油底壳底部,小的颗粒被机油滤清器滤出,从而起到清洁的作用。

(3) 冷却。运动零件的摩擦和混合气体的燃烧使得某些零件产生较高的温度,润滑油流经零件表面时可吸收其热量并将部分热量带到油底壳散入大气中,起到了冷却的作用。

(4) 密封。发动机气缸壁与活塞、活塞环与环槽之间的间隙中的油膜,减少了气体的泄漏,保证了气缸的应有压力,起到了密封的作用。

(5) 防蚀。由于润滑油黏附在零件表面,避免了零件与水、空气、燃气等的直接接触,起到了防止或减轻零件锈蚀和化学腐蚀的作用。发电机轴承就是用这种方式来定期润滑的。

(6) 减振缓冲。润滑油在运动零件表面形成油膜,吸收冲击并减小振动,起减振缓冲的作用。

7. 冷却系统

冷却系统由水泵、散热器、水套、节温器、风扇等组成。发动机工作时,由于燃料的燃烧,气缸内气体的温度高达 $2\,200\,K \sim 2\,800\,K$,这些热量大约 $1/3$ 作功转化为机械能,其余大部分随废气排出,剩下的则被发动机零部件吸收,使其温度升高,特别是直接与高温气体接触的零件,若不及时冷却,则难以保证发动机正常工作。冷却系统的主要作用是使发动机在最适宜的温度范围内工作。

柴油机的冷却方式有风冷和水冷两种。

(1) 风冷却方式

风冷却方式以空气为冷却介质,将柴油机受热零部件的热量传送出去。

(2) 水冷却方式

水冷却方式以水为冷却介质,将柴油机受热零部件的热量传送出去,这种冷却方式的特点是,当气温或工作负载变化时,便于调节冷却强度。

水冷却方式的工作过程如下。

经散热器冷却后,冷却水在下水箱中被吸入水泵,经水泵出水口进入气缸的冷水套,冷却水在水套中冷却发动机零件后,(变成的)热水经过节温器和回水管流入上水箱。热水流入散热器芯部,经风扇吹来的空气冷却。

当水温高于节温器的开启温度时,回水进入散热器进行冷却,完成水循环,通常称为大循环;当水温低于节温器的开启温度时,回水直接流入水泵进行循环,通常称为小循环。

水冷却方式的工作过程如图 4-12 所示。

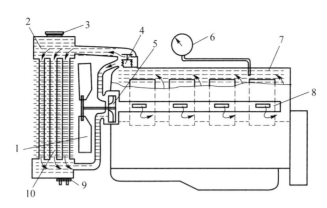

1—风扇；2—上水箱；3—水箱盖；4—节温器；5—水泵；6—水温表；
7—气缸体水套；8—分水管；9—放水开关；10—散热器

图 4-12　水冷却方式的工作过程

8. 启动系统

要使柴油机由静止状态过渡到工作状态,必须先用外力转动柴油机的曲轴,使活塞作往复运动,气缸内的可燃混合气燃烧膨胀作功,推动活塞向下运动使曲轴旋转,柴油机才能自行运转,工作循环才能自动进行。因此,曲轴在外力的作用下开始转动到柴油机自动怠速运转的全过程,称为柴油机的启动。完成启动过程所需的装置,称为柴油机的启动系统。

目前常用的启动方式有手摇启动、启动电机启动、启动汽油机启动、空气启动等 4 种方式。

4.1.5　发电机工作原理

1. 电磁感应

物体由分子、原子或离子构成,其中,分子由原子构成,原子又由原子核和在它周围旋转的电子构成。原子中的原子核带的是正电荷,电子带的是负电荷,二者互相吸引,并且电荷数量相等,故原子对外不呈现电性。(这相当于发电机处于静止状态。)

取一根直导体,当导体在磁场中作"切割"磁感应线的运动时,导体中就会产生感应电动势。这是因为导体在磁场内作"切割"磁感应线的运动时,导体的正电荷、自由电子将以同样的速度在磁场内运动,磁场对运动电荷产生作用力,作用力的方向由左手定则判定,因此正电荷由导体的 b 端移向 a 端,自由电子由导体的 a 端移向 b 端,如图 4-13 所示。结果 b 端聚集了电子而带负电,a 端少了电子而带正电,使导体两端产生一定的电位差,即导体中产生感应电动势。(这相当于发电机处于匀速运转状态。)当接通外电路时,电路中便会形成感应电流。(这相当于发电机处于运转供电状态。)

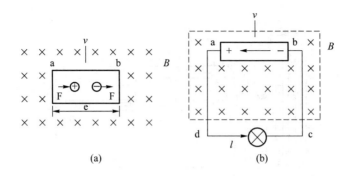

图 4-13　导体切割磁感应线

感应电动势的方向,可由右手定则来决定:将右手掌放平,大拇指与四指垂直,以掌心迎向磁感应线,大拇指指向导体运动的方向,则四指的方向便是感应电动势的方向。直导体中感应电动势的大小与磁感应强度 B、导体运动速度 v 及导体长度 l 成正比,当导体运动的方向与磁场方向平行时,导体中不产生感应电动势。

2. 正弦交流电动势的产生

图 4-14 是产生正弦交流电动势的简单发电机示意图。发电机的工作原理是电磁感应,闭合电路中的部分导体在磁场中作切割磁感线的运动时,导体中就会产生电动势。

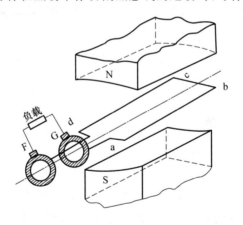

图 4-14　发电机示意图

把图 4-14 中导体旋转到各个位置时电动势的大小变化用图形来表示,就可以画出交流电的波形来。这种按正弦曲线规律变化的电流(或电动势)就叫正弦交流电。

在发电机转子上放着 3 个完全相同的、彼此相隔 120°的独立绕组 AX、BY、CZ(如图 4-15 所示)。当转子在按正弦分布的磁场中以恒定速度旋转时,就可产生 3 个独立的对称三相电势 e_A、e_B、e_C。如图 4-16 所示。

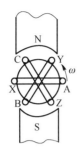

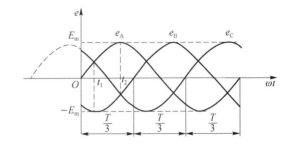

图 4-15　三相交流发电机的工作原理　　　　图 4-16　对称三相电动势的波形

3. 同步电机的基本结构

同步电机与异步电机一样，基本由两部分构成：一是旋转部分（为磁极），称为转子；二是静止部分（为电枢），称为定子。

发电机组成
和工作原理

（1）定子

定子也称为电枢，所谓电枢，就是电机中产生感应电动势的部分。如图 4-17 所示，它主要由定子铁芯、三相定子绕组和机座等组成。定子铁芯由扇形硅钢片叠成，每隔 4～5 cm 留有通风沟，铁芯两端放置压板，然后用双头螺栓从背部夹紧而成为一体，整个铁芯固定在机座内的定位筋上，且在机座外壳与铁芯外圆之间留有通风道。铁芯内圆的槽中安放定子绕组并用槽楔压紧。定子绕组由绝缘的铜导体绕成，按照电机的不同额定电压，用云母带或棉纱带包扎。槽与绕组之间垫有绝缘材料。定子端盖上装有电刷架，由石墨制成的电刷装在电刷架上的刷握内。电刷与轴上的滑环滑动接触，直流电流经过电刷、滑环通入励磁绕组。

（2）转子

转子由转轴、转子支架、轮环（即磁轭）、磁极和励磁绕组等组成，如图 4-18 所示。磁极由厚为 1～5 mm 的钢板冲片叠成，磁极的两个端面上装有磁极压板，用铆钉铆装为一体。励磁绕组套装在磁极上，它多用扁铜线绕成，每匝绕组之间垫有石棉纸板以绝缘。绕组经浸胶与热压处理，成为坚固的整体。绕组与磁极之间绝缘。各励磁绕组串联后接到滑环上。环与环、环与轴相互绝缘。

图 4-17　定子

图 4-18　转子

凸极式同步电机在磁极上还装有阻尼绕组,它与感应电动机的笼型结构相似,整个阻尼绕组由插入磁极阻尼槽中的裸铜条和端面的铜环焊接而成,阻尼绕组可改善同步发电机的运行性能,对同步电动机来说,它主要用作启动绕组。

磁极固定在轮环上,磁极下部做成 T 尾,以便与轮环的 T 尾槽装配。中小型电机也可用螺栓固定。大型电机的轮环由厚 2~2.5 mm 的钢板冲成扇形片叠成,中小型电机的磁轭常用整块钢板冲片叠成或用铸钢制成。转子由转子支架支撑,转子支架应有足够的强度。

(3) 发电机的主要参数

发电机的铭牌上给出了主要参数的额定值,为了保证发电机可靠地运行,必须严格遵守这些参数。

额定功率 P_N——在额定运行条件(额定电压、电流、频率和功率因数)下,发电机能发出的最大功率,单位为 kW,也有用视在功率表示的,此时以 kV·A 为单位。

额定电压 U_N——在额定运行条件下,电机定子的三相线电压值,单位为 V 或 kV。

额定电流 I_N——在额定条件下运行时,流过定子绕组的线电流,单位为 A 或 kA。在此值运行时,线圈的温升不会超过允许范围。

功率因数——额定运行情况下,有功功率和视在功率的比值,即

$$\cos \Phi = \frac{P_N}{S_N}$$

一般电机的 $\cos \Phi = 0.8$。

额定频率 f ——额定运行情况下输出交流电的频率。我国电网的频率为 50 Hz。

额定转速 n_N——额定条件下运行时转子的转速,单位为 r/min。

相数 m——发电机的相绕组数。一般指三相发电机。

根据上面的定义,对三相交流同步发电机来说,额定电压、额定电流和额定功率之间有如下关系:

$$P_N = \sqrt{3} U_N I_N \cos \Phi_N$$

此外,铭牌上还有其他运行数据,例如额定负载时的温升(T_N)、额定励磁电流(I_{fN})、额定励磁电压(U_{fN})等。

4. 交流同步发电机工作原理

简单的转磁式三相交流同步发电机如图 4-19 所示。直流励磁机供给的直流电流通过电刷和滑环输入励磁绕组(也叫转子组),以产生磁场。在定子槽里放着 3 个结构相同的绕组 AX、BY、CZ(A、B、C 为绕组始端,X、Y、Z 为绕组末端),3 个绕组的空间位置互差 120°电角度。

当原动机拖动电机转子和励磁机旋转时,励磁机输出的直流电流流入转子绕组,产生旋转磁场,磁场切割三相绕组,产生 3 个频率相同、幅值相等、相位差为 120°的电动势。

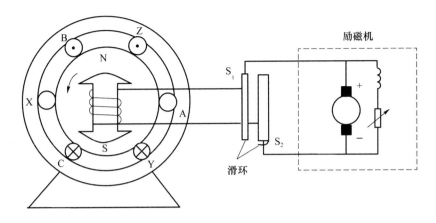

图 4-19　简单的三相交流同步发电机

设磁极磁场的磁通密度沿定子圆周按正弦规律分布,相电势的最大值为 E_m,A 相电势的初相角为零,则 3 个绕组感应电势的瞬间值为:

$$\begin{cases} e_A = E_m \sin \bar{\omega}t \\ e_B = E_m \sin (\bar{\omega}t - 120°) \\ e_C = E_m \sin (\bar{\omega}t - 240°) \end{cases}$$

当转子磁极为一对时,转子旋转一周,绕组中的感应电势正好变化一次。当电机具有 p 对磁极时,转子旋转一周,感应电势变化 p 次。设转子每分钟的转数为 n,则转子每秒钟旋转 $n/60$ 转。因此感应电势每秒钟变化 $pn/60$ 次,即电势的频率(单位为 Hz)为:

$$f = \frac{pn}{60}$$

　　国际规定,工业交流电的频率为 50 Hz,因此,同步发电机的转速 n 与电网频率 f 之间具有严格的关系。当电网频率一定时,同步发电机的转速 $\left(n = \frac{60}{p}f\right)$ 为一恒定值。为了保证发电机发出恒定频率的交流电,原动机上都装有机械或电子调速器,以实现转速的稳定。这是同步电机与异步电机的根本差别。

4.2　典型工作任务

4.2.1　柴油发电机组维护要求

1. 普通发电机组(包含移动电站)

(1)额定电压 400 V/230 V。

(2) 额定频率 50 Hz。

(3) 功率因数 0.8(滞后)。

(4) 机组电压为空载额定电压时的线电压正弦波畸变率不大于 5%。

(5) 机组电压为 95%～100%额定电压时电压和频率的性能指标见表 4-3。

表 4-3　电压和频率的性能指标

名　称	稳态调整率/%	瞬态调整率/%	稳定时间/s	波动率/%
电　压	±4	±20	2.4	0.8
频　率	4	±9	6.5	0.8

(6) 机组带整流器和电池负载时应不产生低频振荡。

(7) 油机的水温、油温和机油压力应符合产品的规定值。

(8) 油机所用的机油和燃油应严格地按照产品要求的牌号选用。

(9) 油机开机前,应检查油底壳中的油位是否在上、下限之间。

(10) 油机的滤清装置(包括空气、机油、燃油滤清装置)应按照产品说明书上的规定进行清洗和更换。

(11) 应定时检查启动蓄电池的电压、容量,并添加蒸馏水。

4.2.2　柴油发电机组的使用

1. 环境要求

(1) 油机室内应照明充足、空气流通(进风口应与排气管口分开),注意清洁、不存放杂物,照明采用防爆灯具及防爆开关。

(2) 应采取必要的降噪措施。

(3) 油机运行时油机室的最高温度不应超过 60 ℃。

(4) 油机室内温度应不低于 5 ℃。若室温过低(0 ℃以下),油机的水箱内应添加防冻剂或考虑配置油水加热器。

2. 开机前的检查

(1) 检查机油、冷却水的液位是否符合规定。机油液位应在机油尺高(H)、低(L)标识之间,冷却水液位应在膨胀水箱加水管颈下为宜。采用开式循环冷却系统的应接通水源。

(2) 检查排风风道是否通畅。检查降噪后的机房自动风阀是否正常开启。

(3) 检查日用燃油箱里的燃油量,检查进油、回油管路是否通畅。冬季尽量选用低标号的柴油。

（4）检查电启动系统连接是否正确,有无松动,启动电池的电压、液位是否正常。清理机组及其附近放置的工具、零件及其他物品,以免机组运转时发生意外危险。

3. 启动、运行检查

（1）检查机油压力、机油温度、冷却液。以康明斯机组为例,检查机油压力是否为310～517 kPa,机油温度是否为82～107 ℃,冷却液温度是否为74～91 ℃。其他机组也应符合说明书规定的要求。

（2）检查各种仪表指示是否稳定并在规定范围内。

（3）检查各种信号灯指示是否正常。

（4）检查气缸工作及排烟是否正常。

（5）检查油机运转时是否有剧烈振动和异常声响。

（6）电压、频率（转速）达到规定要求并稳定运行后方可供电。

（7）检查供电后系统有无低频振荡现象。

（8）启动机温升不应过高,飞轮视窗不应有连续火花。

4. 关机

当市电恢复供电或试机结束后,应先切断负荷,空载运行3～5分钟后再关闭油门停机。

4.2.3　柴油发电机日常维护

（1）保持电机外表面及周围环境的清洁,电机机壳上不许留有任何杂物,要擦净泥、油污和尘土,以免阻碍散热,使电机过热。

（2）严防各种油类、水和其他液体滴漏或溅进电机内部,更不能使金属零件（如铁钉、螺丝刀等）或金属碎屑掉进电机内部,如有发现必须设法取出,否则不能开机。

（3）开机时,在柴油机怠速预热期间,应当监听电机转子的运转声音,不许有不正常的杂声,否则应停机检查。监听方法:将螺丝刀的刀口端顶放在电机的轴承等重要运动机件附近的外壳（或盖）上,耳朵贴在螺丝刀的绝缘手柄上,以运行经验来判断。正常情况下电机的声音是平稳、均匀,有轻微的风声,如发现有敲打、碰擦之类的声音,说明有故障存在,应认真地分析检查。

（4）当电机升速到额定值时,应查看底脚螺钉的紧固情况和有无振动现象,发现振动剧烈时应停机检查。

（5）发电机正常工作时,应密切关注控制屏上的电流、频率、电压、功率因数、功率等输出指示情况,从而了解电机工作是否正常。发现指示数值超过规定值时,应及时调整。

严重时要停机检查，排除故障。

（6）发电机不允许在端盖进出风口无防护罩或防护罩损坏的情况下运行，发电机运行中禁止端盖进出风口被杂物堵塞住。

（7）发电机运行中应经常用手触摸电机外壳和轴承盖等处，观察电机各部位的温度变化情况，正常时应不太烫手（一般不大于 65 ℃）。

（8）发电机运行中要注意查看集电环等导电接触部位的运转情况，正常时应无火花或有少量极暗的火花，电刷无明显的跳动，无破裂。

（9）发电机运行中要注意观察绕组的端部，查看运行中有无闪光、火花以及焦臭味和烟雾，如果发现有，说明有绝缘破损和击穿故障，应当停机检查。

（10）一般不许突加或突减大负载，并且严禁长期超载或在三相负载严重不对称的情况下运行。

（11）定期检查电机各连接处的配合完好情况以及螺钉等的紧固情况，确保正确、牢靠。定期检查发电机的接地是否可靠。

（12）日常应注意发电机的通风、冷却，防止受潮或曝晒。

4.2.4　柴油发电机组的测量

柴油发电机组平时的维护保养，除了定期检查冷却水、机油、燃油和启动电池外，对电气特性的检测也是必不可少的。柴油发电机组的电气特性测量项目如下。

1. 绝缘电阻的测量

要求油机发电机组保证不出现"四漏"（漏油、漏水、漏气、漏电），则只有通过绝缘电阻的检测才能发现。为了使输出电压可靠、稳定，要求发电机的转子与定子之间的绝缘电阻值应达到一定数值以上。绝缘电阻的测量主要指转子对地、定子对地及转子与定子之间的绝缘电阻的测量（在三相电中只要测量一相就可以，因为三相线圈是互通的），三者都应符合要求。

目前发电机只做定子线圈的绝缘电阻测量。测量方法与步骤如下。

（1）油机在冷态（启动前）及热态（启动加载运行 1 小时后）分别测量各绝缘电阻。

（2）用耐压 1 000 V 的兆欧表测量绝缘电阻。

（3）测量定子（发电机三相电输出端子中的任一相），对地进行测量。

（4）测量转子（发电机三相转子线圈中的任一相），对地进行测量。

（5）测量定子与转子之间的绝缘电阻（定子与转子之间任何一相）。

（6）无论在什么季节及冷态（或热态）情况下，绝缘电阻值应≥2 MΩ。

2. 输出电压的测量

发电机组的输出电压与发电机组的转速及励磁电流有关,转速又决定了输出交流电的频率。在决定了频率的情况下测量发电机组输出电压的额定值,即先在满载时调整交流电频率为额定值(50 Hz),然后去掉负载测量其输出电压为整定(400 V)。当加载(若能改变加载情况则逐级加载,25%、50%、75%、100%;或逐级减载)的实际负载稳定后,测得输出电压,最后计算得到的稳态电压调整率 dU 应符合要求。

3. 输出频率的测量

油机的转速决定了发电机输出交流电的频率。将输出交流电的整定频率在发电机组满载时调整至额定值(50 Hz),在后续测试中的减载及加载时不再调整。用发电机控制屏上的频率表或 F41B 表测试频率,当逐级减载 75%、50%、25%(或实际负载至空载),及逐级加载 25%、50%、75%、100%(或加实际负载)时,稳定后测得交流电的频率,经计算得到的稳态频率调整率 df 应符合要求。

4. 正弦波畸变率的测量

发电机在空载输出额定电压稳定的情况下,用 F41B 表测量得到的输出电压的正弦波畸变率 THD-R 值应符合要求(<5%)。

5. 交流电输出功率因数 cos j 的测量

发电机组输出额定电压(空载)后,加载纯电阻性额定负载(或实际负载),读发电机组控制屏上的 cos j 表或用 F41B 表测得功率因数,cos j 应符合要求。

6. 噪声的测量

在油机空载和带额定负载的状态下,用声呐计测量油机前、后、左、右各处的噪声大小。声呐计离油机水平距离 1 m,垂直高度约 1.2 m。对于静音型机组,可以分别测量静音罩打开和关闭时油机的噪声,两者对比,可以反映出静音罩的隔声效果。对于已经投用的油机,则在油机室外 1 m 处分别测量各点的噪声,测出的噪声值应符合当地环保部门的要求。

另外,柴油发电机组的正常启动和工作,除了与油机本身有关,还与油机运行环境的温度、湿度和气压等因素有关,因此测试时往往需要记录环境的温度、湿度和气压。

4.2.5 汽油发电机使用维护

小型汽油发电机组如图 4-20 所示,在通信中主要作为移动基站、工程施工等小型动力设备的备用电源。

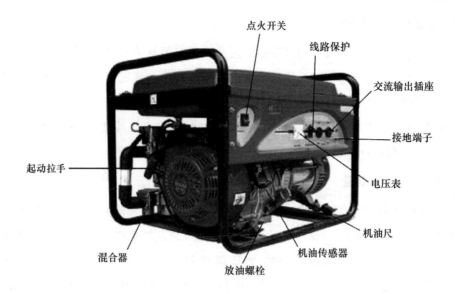

图 4-20　汽油发电机

1. 汽油发电机的发电

汽油发电机的发电操作步骤如下。

(1) 观察油箱上的油位计,判断燃油是否充足。检查油路开关和输油管路是否有漏油、渗油现象。

(2) 拔出机油标尺,检查机油,油位应该在标尺的网状格之间,最佳状态为中间偏上。

(3) 发电机在启动前,请务必将输出交流开关设在"OFF"位置(开关向下)。

(4) 打开燃油开关(在"ON"位置)。用手指轻轻拉出风门。

(5) 对于手启动机型,先慢慢拉动反冲启动器直至其啮合好为止,然后再用力将其拉动。对于电启动机型,调整启动开关到"ON"运转(位置)上,旋转启动开关至"START"("启动")位置 10 秒钟;如启动不成功,则间隔 10 秒钟后再启动,直至启动成功。发电机启动成功后,再用手推回风门。寒冷时,应逐渐推回风门。此时电压指数应在 220 V 左右。

(6) 将油机引出线的另一端接入机房交流配电箱总闸刀的下口或应急接口,然后再正确插入油机引出线至油机。手持油机引出线的油机接口端,匹配接口端凹槽即可正确插入。

(7) 关闭油机上的输出空气开关。在机房用万用表测量电压是否正常,如正常,则断开交流配电箱内的空调空气开关、开关电源空气开关,并拉下总闸。

(8) 最后将油机供电空气开关合闸,并合上开关电源空气开关,油机发电操作完成。

2. 汽油发电机检查操作步骤

(1) 工器具检查

① 对油机发电机组做检查(检查水位、燃油位、机油位、启动电池电压以及是否存在

漏水、漏电、漏油、漏气现象),并进行试机,确保正常发电。在用油机发电前必须进行"三查":查电、查水、查油。图 4-21 所示为测电池电压。

图 4-21　测电池电压

② 准备工具仪表、防护用品:电力线、绝缘手套、接地棒、接地线缆、尖嘴钳、电笔、十字起子、一字起子、活动扳手、电工胶布、万用表等。常见的维护工具如图 4-22 所示。

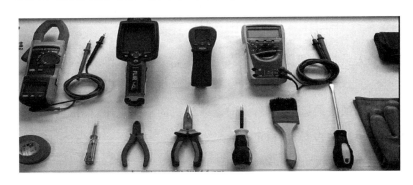

图 4-22　维护工具

(2)发电前的检查和准备

① 应将油机放至地势平坦且无易燃易爆物品的地方,避开尘土较多或有交通要道、河、沟、井、塘边及儿童容易触摸的地方,同时避免阳光直射或被雨淋到;如尘土较大,可在场地上适当喷洒些水,避免在发电时尘土飞扬,影响发电机组的性能。

② 严禁将油机放在封闭区域发电,禁止发电机的进排气风口对准门口方向或对上风向排放废气,使用场地应禁止吸烟及点明火,以防火灾,发电机组周围应有足够的空间。

③ 连接好油机的接地线,打好接地桩,确保接地连接可靠。

④ 将转换开关箱中的闸刀切换到油机电位置,确保切合可靠。

⑤ 将油机电的输出电缆连接到转换开关箱中的油机电端口,确保连接可靠、绝缘措施可靠,并锁好转换开关的箱门。

⑥ 将油机电输出电缆连接到基站交流配电屏的空余输出空气开关,确保空气开关容

量与油机的容量匹配。

⑦ 将油机输出电缆连接到油机输出开关,确保连接可靠、绝缘措施可靠。

⑧ 检查油机输出电缆的连接相位是否正确、连接是否安全可靠,检查线缆布放路由有无安全隐患、线缆有无缠绕。

（3）发电后检查

① 启动油机,空载运行 3～5 分钟,检测油机的输出电压、频率是否正常,检查油机有无异常声响、异常气味,排气烟色是否正常,运行是否稳定。

② 检查开关电源的限流设置,根据实际负载情况设置限流值,合上油机输出开关,在基站的油机电输入端检测电压、相位、相线(零线)连接是否正常。

③ 依次合上基站的交流输出分路开关,检查基站的电源设备、通信设备运行是否正常。关注蓄电池充电电流的大小。

（4）发电中的检查

① 应确保油机运行现场有人看守,操作人员不得远离工作场地或做与工作无关的事情。

② 禁止在场人员擦拭和随意触摸发电机组,禁止非工作人员接近机组,以防发生意外。

③ 每小时检测油机的运行状况,及时记录油机的输出电压、输出电流。

④ 检查油机运行是否安全、稳定。

⑤ 定时观察市电情况,以便及时知道来电信息。

⑥ 机组在运行时,严禁加注燃油与润滑油。如需连续工作,必须停机待冷却后再行加油,加油时,要防止燃油溅洒到气缸、消音器上。

⑦ 发电机组启动后,即认为发电机及全部电气设备均已带电,严禁人体接触带电部分,如果需要带电作业,应遵守危险作业审批制度和电工安全操作规程。

（5）来电后的恢复市电

① 来电后,用万用表检测市电输入端的电压,确认电压无缺相、过压、欠压等情况。

② 依次分断交流输出分路开关,分断油机输出开关,并确保在分断位置。

③ 将双极转换开关箱中的闸刀切换至"市电侧"。

④ 依次将交流配电箱中的总开关、开关电源分路开关、两路空调分路开关拉合。

⑤ 检查开关电源和设备的工作情况,恢复开关电源模块的限流设置。

3. 汽油油机发电机组的维护

（1）发电机组在不使用时,应每个月做一次试机和试车,应启动运行至水温达到

60 ℃以上为止。

（2）每个月给启动电池充一次电，保证油机的启动电池容量充足。检查润滑油和燃油箱的油量，不足的及时补充。

（3）每次使用后，注意补充（机组的）润滑油和燃油，检查冷却水箱的液位情况。

（4）作为备用发电的小型油机，在其运转供电时，要有专人在场。燃油不足时，停机后方可添加燃油。

（5）油机严禁在通风不畅的环境中使用。

4.2.6　油机发电机使用安全规范

正确的维护和保养操作才能保证设备安全运行，避免人身和设备危害，因此，应该严格遵守操作规程和有关的安全规则。

油机发电机
使用安全规范

1. 注意触电危险

柴油发电机组必须可靠接地，所有的电气屏应上锁，必须使用绝缘工具进行带电设备的检修，在潮湿的环境下更要注意触电危害。

2. 运行安全

禁止在有爆炸物等危险的地方使用柴油发电机组。禁止靠近运转的发动机，宽松的衣服、头发和坠落的工具都会造成人身及设备的重大事故。运行中的柴油发电机组，其部分裸露的管道和部件处于高温状态，要防止触摸灼伤。

3. 火灾预防

金属物品易引起电线短路，诱发火灾。发动机须保持清洁，过量的油污可能引发机体过热，造成设备损坏或引起火灾。在柴油发电机组附近应放置数个干粉或 CO_2 气体灭火器。

4. 便携式汽油机安全要求

便携式汽油机在运转供电时，要有专人在场，并且当人机同处一室时，应保持室内空气流通，防止人员废气（一氧化碳）中毒。汽油机在燃油不足时，停机后方可添加燃油。汽油机不得与其他在用油机共室邻近存放，汽油机与汽油的存放处须采取防火措施，汽油的携带、运输及存储应采用专用的汽油储油桶。使用后应检查燃油箱是否有泄露，油箱盖是否旋紧；长途运输或长期存放的汽油机应放空燃油箱。

4.2.7　油机发电机组的测试项目与周期

油机发电机组的测试项目与周期如表 4-4 所示。

表 4-4　油机发电机组的测试项目与周期

序　号	类　别	项目与内容	周　期
1	经常检修项目	(1) 各部清扫及螺丝紧固 (2) 启动系统检查及启动电池补充充电 (3) 润滑系统检查 (4) 燃油系统及油箱存油量检查 (5) 冷却水箱及存水量检查 (6) 空载运行检查(交流电压、频率,及漏水、漏油、漏气、漏电) (7) 发电机系统(包括发电机、励磁机、配电屏、开关、熔丝、导线)的检查 (8) 冷却水、燃油、润滑油质量检查	每月一次
2	一级保养项目	(1) 清洁机油、空气、燃油滤清器网及补充新机油 (2) 检查调整风扇皮带松紧度 (3) 检查调速机构全部运动部分及注油 (4) 检查启动蓄电池 (5) 检查油泵、气门、摇臂的润滑情况及补充或更换润滑油 (6) 气门间隙检查调整	每累计运转100 小时进行一次
3	二级保养项目	(1) 清洗燃油箱、燃油滤清器、输油管 (2) 检查喷油泵、喷油器的运转情况及调整、更换喷油头 (3) 清洗润滑器及换油 (4) 检查气门、排气管及清除积炭、积灰 (5) 检查连杆轴承、配气机构、冷却水泵、调速器等 (6) 检查发电机换向器、集流环及带负载运用时碳刷的火花 (7) 检查启动蓄电池	每累计运转150～300 小时进行一次

油机发电机组的质量标准规定如表 4-5 所示。

表 4-5　油机发电机组的质量标准规定

序　号	项　目	标　准	备　注
1	启动系统	(1) 启动蓄电池容量:以 10 小时放电率放电,放出额定容量的 50% 后仍能启动 3 次 (2) 启动迅速(冷车启动不超过 5 次)	每启动 10 s间隔 1 min
2	油机在带负载工作时	(1) 润滑油压力一般保持在 100～300 kPa 或按工厂规定标准 (2) 润滑油温度小于 80 ℃ (3) 循环水温度: 　　　　　　　　进水口为 55～65 ℃ 　　　　　　　　出水口为 75～85 ℃ (4) 排气颜色正常(淡灰色) (5) 无撞击声 (6) 转速不均匀度:在稳定负载时,其输出频率应保持在 50±0.5 Hz,在负载从 50%～100% 剧烈变化时,其频率变化范围应为 −2 Hz～+1 Hz	

习　　题

一、选择题

1. 柴油发电机是通过(　　)将雾状柴油喷入燃烧室的。

A. 输油泵 　　　　　 B. 喷油嘴 　　　　　 C. 喷油泵

2. 通信用柴油发电机组的正常转速通常为(　　)r/min。

A. 1 200 　　　　 B. 1 500 　　　　 C. 1 800 　　　　 D. 2 000

3. 四冲程柴油机的 4 个过程顺序排列为(　　)。

A. 进气、压缩、排气、作功

B. 进气、排气、压缩、作功

C. 进气、压缩、作功、排气

D. 压缩、作功、进气、排气

4. 四冲程内燃机的曲轴输出机械功时是(　　)冲程。

A. 进气 　　　　　 B. 压缩 　　　　　 C. 膨胀 　　　　　 D. 排气

5. 下列各项对柴油发电机气缸盖描述错误的是(　　)。

A. 气缸盖的结构复杂,金属分布不均

B. 气缸盖各部位温差很大

C. 气缸盖外部有进气和排气道、冷却水套及润滑油道

D. 气缸盖上有供安装喷油嘴、进气门、排气门、气门座、气门摇臂等零件的孔和螺
　　纹孔

6. (　　)的组成部分不属于柴油机的燃油系统。

A. 柴油箱 　　　　　　　　　　　 B. 燃油滤清器

C. 输油循环管道 　　　　　　　　 D. 气门

7. 下列关于发电机的说法,错误的是(　　)。

A. 严禁发电机的排气口直对易燃物品

B. 严禁在发电机周围使用明火,但可以吸烟

C. 发电机开启后,操作人员应监视发电机的运转情况,不得远离

D. 严禁在密闭环境下使用发电机

二、填空题

1. 柴油发电机组在日常维护中,需要检查的四漏是:漏(　　　)、漏(　　　)、漏(　　　)、
漏(　　　)。

2. 柴油机的上止点是( )。

3. 当市电恢复供电或带负载试机完后,柴油发电机组应先( )、( ),再停机。

4. 发电机是将( )能转化为( )能。

5. 在用汽油机进行发电前必须进行的"三查"是指:( )、( )、( )。

第5章 空　　调

5.1　相　关　知　识

5.1.1　空调基本概念

1. 温度的概念

在日常生活中,我们习惯用感觉来判别物体的冷热,用手摸冰感到冰是凉的,用手摸热水壶觉得是烫的,冰的冷说明它的温度低,热水壶的热说明它温度高。对于温度的概念,我们可以简单地理解为温度是表示物体冷热程度的物理量。由分子运动论,我们知道物体的温度同大量分子的无规则运动速度有关。当物体的温度升高时,分子运动的速度就加快,反过来说,如果我们用某种方法来加快分子无规则运动的速度,那么物体的温度就升高。从而我们可以理解,热水的温度高,冰水的温度低,是因为它们的分子运动速度不同,可见分子运动速度决定了物体的热状态。所以我们把物体大量分子的无规则运动叫作热运动。

2. 温度的计量

怎样判别一个物体的温度呢?用人的感觉来判别温度实际上是不准确的。比如,冬天寒风刺骨,一个人从外面走进了屋子,感觉这间屋子很暖和;另一个人从更热的地方进了这间屋子,反而觉得这间屋很冷。同样一盆冷水,冷热不同的两只手放进去,感觉这盆水冷热不同。要准确地测量温度,必须用温度计。

我们平常使用的温度,是把纯水的冰点定为 0 ℃,把一个大气压下沸水的温度定为 100 ℃。在 0 ℃ 和 100 ℃ 之间分 100 等份,每一份就是 1 ℃,这种方法确定的温标叫作摄氏温标。摄氏温标是瑞典天文学家摄尔修斯在 1742 年提出来的,摄氏温标的记号"℃"是摄尔修斯的英文字头。除了摄氏温标,欧美等国家和地区还采用华氏温标,以"℉"表示。华氏温标把水的冰点定为 32 ℉,水的沸点定为 212 ℉,在 32 ℉ 和 212 ℉ 之间分 180

等份,每份为 1 ℉,所以华氏温度和摄氏温度的换算关系为:

$$摄氏温度 = \frac{5}{9}(华氏温度 - 32) \qquad 华氏温度 = \frac{9}{5}摄氏温度 + 32$$

在热力学中,常用绝对温标,单位为开(尔文),符号为 K,它把水的冰点定为 273.15 K,沸点定为 373.15 K,在换算时常略去 0.15 K,只用 273 K。

热力学温度与摄氏温度的换算关系为:

$$热力学温度 = 摄氏温度 + 273 \qquad 摄氏温度 = 热力学温度 - 273$$

3. 湿度的概念

表示空气中含有水蒸气多少的物理量称作湿度。

(1) 绝对湿度

每立方米的湿空气中含有的水蒸气重量称为湿空气的绝对湿度,绝对湿度以 kg/m^3 计算。

(2) 相对湿度

相对湿度指某湿空气中所含水蒸气的重量与同温度下饱和空气中所含水蒸气的重量之比,这比值用百分数表示,例如机房平常所说的湿度为 60%,即指相对湿度。通常空气中水蒸气的最大含量随温度的高低而异,当空气温度较高时,水蒸气的最大含量要比温度较低时大。

4. 热和热量的概念

在日常生活中,我们有这样的经验,把冷热程度不同的物体放在一起时,热的物体会慢慢冷下来,冷的物体会逐渐热起来。把一杯刚烧开的水与一杯凉水混合,可以得到不冷不热的温水,这时候我们就说开水放出了若干热量,开水和凉水进行了热传递。

热量是热传递过程中物体内能变化的量度。也可以说,在热传递过程中,物体吸收或放出的热的量叫作热量。热量的定义揭示了热的本质,指出了热传递过程实质上是能量的转移过程,而热量就是能量转换的一种量度。

在国际单位制中,热量的单位是焦耳,在工程技术中,常用的单位有卡(cal)、千卡(kcal)等。1 g 的纯水温度升高或降低 1 ℃ 时,所吸收或放出的热量就是 1 卡,1 卡的热量和 4.18 焦耳的功相当,这个热量单位和功的单位之间的数量关系,在物理学中叫作热功当量,用 J 来表示:

$$J = 4.18 \text{ 焦耳/卡}$$

既然热量是物体热能变化的一种量度,因此,热量单位也可以用焦耳来表示,于是热量有两种单位,焦耳和卡,这两个单位的换算关系是:

$$1 \text{ 卡} = 4.18 \text{ 焦耳} 或 1 \text{ 焦耳} = 0.24 \text{ 卡}$$

5.1.2 空调的功能和组成

空气调节器,简称空调,即用控制技术使室内空气的温度、湿度、清洁度、气流速度和噪声达到所需的要求的设备,它对电信各部门所起的作用尤为重要,能够改善机房环境的温度、湿度,确保电信设备正常运行。空调的功能主要有制冷、制热、加湿、除湿和温湿度控制等。

机房专用空调是针对计算机机房和各类通信机房的特点和要求而设计的,它除了具备普通空气调节器的功能外,还具有恒温恒湿、控制精度高、空气洁净度高、可靠性高等特点。通信机房的空调以制冷模式开启,空调送风和回风的温差要求大于 6 ℃。

空调系统的组成:机房多使用普通分体式空调系统,由空调外机和空调内机构成,其中空调外机是分体式空调极为重要的结构,因为空调的心脏(压缩机)就位于空调外机中。空调外机和空调内机通过电缆和管道连接。

我们知道,空气有四大指标:温度,湿度,速度和洁净度。空调的任务就是调节这 4 个指标。

1. 温度调节

温度调节就是将温度控制在理想的温度值范围。一般来说,工作环境和设备对温度的要求都有一定的范围,夏季,人感觉最舒服的温度为 20～27 ℃;冬季,人感觉最舒服的温度为 16～22 ℃;电信程控机房的温度要求为 15～25 ℃。空调有制冷、制热和温度控制功能,能将室内温度控制在理想的范围内,但是夏季室内外温差不可太大,否则人易感冒。夏季空调房间温度(单位为℃)控制经验公式:

$$t = 22 + \frac{1}{3}(t_y - 21) \quad (t \text{ 为室内温度}, t_y \text{ 为室外环境温度})$$

2. 湿度调节

空气过于潮湿或过于干燥,人体都会产生不适。相对湿度<30%,会使人口干、唇裂,感到干燥;相对湿度过高,则汗不宜蒸发,又会使人感到烦闷。对于电信机房,湿度太低,机房太干燥,易产生静电;湿度太高,电子元器件易产生短路现象。

湿度调节就是对空气进行增湿或去湿,以调节空气中水蒸气的含量。

一般来说,冬季的相对湿度在 40%～50% 之间,夏季的相对湿度在 50%～60% 之间,人的感觉会比较舒适;电信机房的湿度一般要求为 30%～70%。

3. 空气流速调节

人处在以适当速度流动的空气中比在静止的空气中要觉得凉爽,处在变速的气流中则比处在恒速的气流中要觉得舒适。通常,在人的工作区或生活区内气流速度不可太大,夏季一般在 0.3 m/s 以下,冬季一般在 0.5 m/s 以下。在电信机房,气流速度以保证能充分带走设备的热量为宜。

4. 空气洁净度调节

空气中一般都有处于悬浮状态的固体或液体微粒,它们很容易随着人的呼吸进入气管、肺等器官,黏附在其上,这些微尘还带有细菌,能够传播各种疾病,因此,在空气调节过程中对空气进行过滤是十分必要的。空调靠空气过滤网来吸附空气中的微尘,能起到除尘、净化空气的作用。

5.1.3 空调制冷原理

制冷的方法很多,制冷机的种类也很多,根据制冷的基本工作原理制冷方法可分为气体制冷、蒸汽制冷(如压缩式制冷、吸收式制冷和蒸汽喷射式制冷)和温差电制冷(如半导体制冷)。机房专用空调机通常采用的是蒸汽压缩式制冷。

1. 蒸汽压缩式制冷原理

蒸汽制冷是利用某些低沸点的液态制冷剂在不同压力下汽化时吸热的性质来实现人工制冷的。

在制冷技术中,蒸发是指液态制冷剂达到沸腾时变成气态的过程。液态变成气态必须从外界吸收热量才能实现,因此是吸热过程,液态制冷剂蒸发汽化时的温度叫作蒸发温度。凝结是指蒸汽冷却到等于或低于饱和温度,转化为液态。

在日常生活中,我们能够观察到许多蒸发吸热的现象。如常用的制冷剂氟利昂 F-12 液体喷洒在物体上时,我们会看到物体表面很快结上一层白霜,这是因为 F-12 液体接触到物体表面立即吸热,使物体表面温度迅速下降。当然这是不实用的制冷方法,因为制冷剂 F-12 不能回收和循环使用。

蒸汽压缩式制冷是利用液态制冷剂汽化时吸热,蒸汽凝结时放热的原理进行制冷的。

2. 制冷循环

压缩机是保证制冷的动力。利用压缩机增加系统内制冷剂的压力,使制冷剂在制冷系统内循环,达到制冷的目的。开始压缩机吸入蒸发制冷后的低温低压制冷剂气体,然后将其压缩成高温高压气体送至冷凝器;高温高压气体经冷凝器冷却后变为常温高压液体;常温高压液体流入热力膨胀阀,经节流作用变成低温低压的湿蒸汽,湿蒸汽流入蒸发器,从周围物体吸热,经过风道系统使空调房间的温度冷却下来,蒸发后的制冷剂回到压缩机中,重复下一个制冷循环,从而达到制冷的目的。

3. 制冷剂在制冷系统中的状态

从压缩机出口经冷凝器到膨胀阀前的这一段称为制冷系统高压侧,这一段的压力等于冷凝温度下制冷剂的饱和压力。高压侧的特点是:制冷剂向周围环境放热被冷凝为液体,制冷剂流出冷凝器时,温度降低变为过冷液体。

从膨胀阀出口到进入压缩机回气管的这一段称为制冷系统的低压侧,其压力等于蒸发器内蒸发温度的饱和压力。制冷剂的低压侧先呈湿蒸汽状态,在蒸发器内吸热后制冷剂由湿蒸汽逐渐变为汽态。到了蒸发器的出口,制冷剂的温度回升,为过热气体状态。过冷液态制冷剂通过膨胀阀时,由于节流作用,高压降为低压(但不消耗功、与外界没有热交换);同时有少部分液态制冷剂汽化,温度随之降低,这种低压低温制冷剂进入蒸发器后蒸发(汽化)吸热。低温低压的气态制冷剂被吸入压缩机,并通过压缩机进入下一个制冷循环。

4. 制冷量

在制冷循环中,循环流动的每千克制冷剂从被冷却物体吸收的热量叫作单位制冷量,用符号 q 表示,单位是 kcal/kg。单位制冷量是表示制冷循环效果的一个特殊参数,由制冷剂的性质、循环温度等条件决定,蒸发温度越低,冷凝温度越高,其值越小,反之越大。制冷装置的制冷量是单位时间内从被冷却物体吸收并在冷凝器中放掉的热量,用符号 Q 表示,单位是瓦(W)。机房内的空调制冷量较大,单位常用 kW。

5. 制冷剂

制冷剂是进行制冷循环的工作物质。

(1)对制冷剂的要求

理想的制冷剂应具有无毒、无刺激性气味、对金属的腐蚀作用小、与润滑油不起化学反应的化学性质,且不易燃烧、不易爆炸、具有良好的热力学性质,即在大气压力下它在蒸发器内的蒸发温度要低,蒸发压力最好与大气压相近。制冷剂在冷凝器中的冷凝温度对应的压力要适中,单位制冷量要大,汽化热要大,而液体制冷剂的比热要小,气体制冷剂的比热要大。制冷剂应具有的物理性质:凝固温度低、临界温度高(最好高于环境温度),导热系数和放热系数大,比重和黏度小,泄漏性小。

(2)制冷剂的种类

制冷剂的种类很多,实际应用时可根据制冷剂类型、蒸发温度、冷凝温度和压力等热力学条件以及制冷设备的使用地点来考虑。制冷剂可分为四类:无机化合物、碳氢化合物、氟利昂和共沸溶液。

① 无机化合物制冷剂有氨、水和二氧化碳等。

② 碳氢化合物制冷剂有乙烷、丙烯等。

③ 氟利昂(FREON)是 19 世纪 30 年代开始使用的一种制冷剂,比氨晚 60 年左右,它是饱和碳氢化合物的卤族(氟、氯、溴)衍生物的总称,或者说氟利昂是由氟、氯和碳氢化合物组成的。目前作为制冷剂用的主要是甲烷(CH_4)和乙烷(C_2H_6)中的氢原子全部

或部分被氟、氯、溴的原子取代而形成的化合物,除名称以外,化学分子式规定了氟利昂各种类别的缩写代号。

④ 共沸溶液是由两种以上制冷剂组成的混合物,蒸发和冷凝过程中也不分离,就像一种制冷剂一样。目前使用的有 R500、R502 等,与 R22 相比两者的压力稍大,制冷能力在较低的温度下可提高 13% 左右,此外,在相同的蒸发温度和冷凝温度下,压缩机的排气温度较低,可以扩大单组压缩机的使用温度范围。

(3)制冷剂的使用与存放

各种制冷剂的物理、化学性质各不相同,在不同温度下具有不同的饱和压力。但无论压力如何,制冷剂钢瓶均为压力容器,使用时要多加小心。各种制冷剂性质不同,大多数属于易爆物,在钢瓶腐蚀未做检验,或遇到外界的突然暴晒或火源时,有发生爆炸的可能;有的制冷剂还是有毒物质。因此,制冷剂的存放、搬运、使用都必须小心。

无论何种制冷剂,用完后应立即关闭钢瓶阀门。在检修系统时,如果从系统中将制冷剂抽出压入钢瓶,该过程应得到充分的冷却,并严格地控制注入钢瓶的制冷剂的重量,决不能装满(一般不超过钢瓶容积的 60%),让其在常温下有一定的膨胀余地。另外,在用卤素灯给制冷系统检漏时,一旦遇颜色改变,确定漏点后,应立即移开吸口,以免光气中毒。

6. 制冷系统的构造及组成

构成基本制冷系统的主要有 4 个部件:压缩机、蒸发器、冷凝器、膨胀阀。

为了改善制冷系统的性能,达到更好的使用性能,通常还有不少辅助器件:液体管路电磁阀、视液镜、液体管道干燥过滤器、高(低)压控制器等。空调制冷系统的构成如图 5-1 所示。

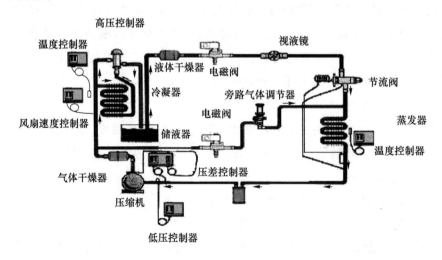

图 5-1 空调制冷系统构成

（1）压缩机

压缩机按其结构分为 3 类：开启式、半封闭式、全封闭式。

全封闭制冷压缩机是压缩机与电动机一起装置在一个密闭铁壳内形成的整体，从外表看只有压缩机的吸排气管接头和电动机的导线；压缩机壳分为上、下两部分，压缩机和电动机装入后，上下铁壳用电焊焊接成一体。平时不能拆卸，因此机器使用可靠。

全封闭制冷压缩机又分活塞式压缩机和涡旋式压缩机。

全封闭涡旋式制冷压缩机主要由下列各项组成：旋转式进、出口阀门，压力表接口，内置式过载保护，弹性机座，曲轴箱加热器，内置式润滑油泵。

涡旋式制冷压缩机主要的优点如下。

① 结构简单：压缩机体仅需 2 个部件（动盘、定盘）就可代替活塞式压缩机中的 15 个部件。

② 高效：吸入气体和变换处理气体是分离的，以减少吸气和处理之间的热传递，可以提高压缩机的效率。涡旋压缩过程和变换过程都非常安静。

（2）蒸发器

蒸发器（如图 5-2 所示）是制冷循环系统中的另一个重要的热交换部件。从膨胀阀送出的低温低压的制冷剂液体进入蒸发器蒸发吸热，开始时绝大部分是湿蒸汽，随着湿蒸汽在蒸发器内流动与吸热，液体逐渐蒸发为蒸汽，蒸汽含量越来越多，当接近蒸发器出口时，成为干蒸汽。在这个过程中，蒸发温度保持不变，干蒸汽还会继续吸热，成为过热蒸汽，从而达到制冷的目的。

① 蒸发器的分类

蒸发器按其被冷却介质的种类可分为冷却液体用的蒸发器（干式蒸发器）和冷却空气用的蒸发器（表冷式蒸发器）两大类。

空调系统所使用的蒸发器一般为冷却空气用的蒸发器。当制冷系统的氟利昂液体进入膨胀阀节流后，送入蒸发器，这一过程属于汽化过程。这时候需要吸收大量的热量，于是房间的温度逐渐降低，从而达到制冷及去湿的效果。

② A 型蒸发器

"A"型结构的蒸发器的优点是该结构具有较大的迎风面积和较低的迎面风速，以防止逆风带水。蒸发器配有"1/2"铜管铝翅片及不锈钢凝结水盘，有利于热量更好地传递。

蒸发器盘管分多路进入并作交错安排，借此将制冷系统遍布盘管迎风面上，当单一制冷系统运行时，显热制冷量可达总制冷量的 55％～60％。

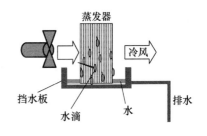

图 5-2　蒸发器

③ 蒸发器的去湿功能

在正常的制冷循环中,空气中的水汽遇到蒸发器的低温就会附着在蒸发器上,凝结成露水,再经过集水盘和管道排出室外,达到去湿的效果。

(3)冷凝器

冷凝器(如图 5-3 所示)按其冷却形式可分为 3 类:水冷式、风冷式、蒸发式及淋水式。

图 5-3　冷凝器

① 水冷式

在水冷式冷凝器中,制冷剂放出的热量被冷却水带走。冷却水可以一次流过,也可以循环使用。当使用循环水时,需要有冷却水塔或冷水池。水冷冷凝器有壳管式、套管式、沉浸式等结构形式。图 5-4 所示为水冷示意图。

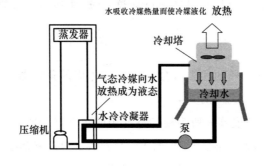

图 5-4　水冷示意图

② 风冷式

在风冷式冷凝器中,制冷剂放出的热量被空气带走。风冷式冷凝器的结构主要为若干组铜管,由于空气的传热性能很差,故通常都在铜管外增加肋片,以增加空气侧的传热面积,同时采用通风机来加速空气流动,使空气强制对流,以增强散热效果。图 5-5 所示为风冷示意图。

目前进口机房专用空调的类型以风冷式为主。下面对风冷式冷凝器作详细叙述。

风冷式冷凝器采用 Φ10 铜管,铝翅片结构,风机采用可调速电机,以保证冷凝器在冬季、夏季能够均衡使用,也使冷凝压力在很冷、很热的环境下不致变化太大。

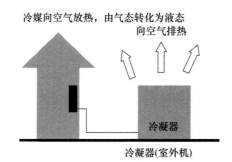

图 5-5 风冷示意图

风冷式冷凝器适用于环境温度－30～＋40 ℃范围内。当环境温度较高时,将引起冷凝器的压力升高,调速器的压力传感机构感受到这种压力变化,并将这种变化转变为输出电压的变化,从而使电机转速产生变化,以达到调节强制对流效果的目的。

③ 蒸发式及淋水式

在蒸发式及淋水式冷凝器中,制冷剂在管内冷凝,同时受到管外水及空气的冷却。

(4) 膨胀阀

① 膨胀阀的结构

膨胀阀的顶部由密封箱盖、波纹薄膜片、感温包、毛细管等组成一个密闭容器,里面灌有氟利昂,成为感应机构。感应机构内灌注的制冷剂可以与制冷系统的相同,也可以不同,比如制冷系统用的是 F-22,感应机构内可灌注 F-12 或 F-22。感温包用来感受蒸发器出口的过热蒸汽温度;毛细管作为密封箱与感温包的连接管,传递压力作用至膜片上;波纹薄膜片由一块 0.2 mm 左右的薄合金片冲压成形,断面是波浪形的,受力后弹性形变性能很好。除顶部部件外,膨胀阀的主要组成部分还包括调节杆和传动杆。调节杆用来调整膨胀阀门的开启过热度,在调试过程中用它来调节弹簧的弹力,调节杆向里旋时,弹簧压紧,调节杆向外旋时,弹簧放松;传动杆顶在阀针座与传动盘之间传递压力,阀针座上装有阀针,用来开大或关小阀孔。

② 膨胀阀的工作原理

膨胀阀通过感温包感受蒸发器出口端过热度的变化,过热度的变化导致感温系统(由感温包、毛细管、波纹薄膜片等几个互相连通的零件所构成的密闭系统)内的充注物质产生压力变化,并作用于波纹薄膜片,促使膜片形成上下位移,再通过波纹薄膜片将此力传递给传动杆而推动阀针上下移动,使阀门关小或开大,起到降压节流的作用,同时自动调节蒸发器的制冷剂供给量,并保持蒸发器出口端具有一定过热度,得以保证蒸发器传热面积的充分利用,以及减少液击冲缸现象的发生。

膨胀阀虽只是一个很小的部件,但它在制冷系统中的作用必不可少,所以它与压缩机、蒸发器、冷凝器并称为制冷系统四大部件。

（5）制冷系统的辅件

① 液体管路电磁阀

液体管路电磁阀在制冷系统中可以接收压力继电器、温度继电器发出的脉冲信号，形成自动控制。在压缩机停机时，由于惯性作用以及氟利昂的热力性质，氟利昂大量进入蒸发器，导致压缩机再次启动时，湿蒸汽进入压缩机吸入口引起湿冲程，不易启动，严重的时候甚至将阀片击破。液体管路电磁阀的设置，使这种情况得以避免。在佳力图空调机系统中，压缩机的启动也依赖电磁阀，静止时电磁阀将高、低压分为两个部分，低压部分的较低压力低于低压压力控制器的开启值，所以压缩机处于停止状态。当压缩机需要启动时，通过电脑输出的信号接通电磁阀，当阀开启时，高压压力迅速向低压释放，当低压压力达到低压控制器的开启值时，压缩机才能启动。

② 视液镜

视液镜在制冷系统中位于制冷电磁阀和干燥过滤器之间，顾名思义，它是用来观察液体流动状态的，气泡的多少可以作为制冷剂注入量的参考，根据视液镜的颜色可以看出系统内水分的含量。

③ 液体管道干燥过滤器

通常，液体管道干燥过滤器是不可拆卸的，其内部采用分子筛结构，能够去除管道中的少量杂质水分等，起到净化系统的作用。因管道在焊接中会出现氧化物，并且氟利昂制冷剂的纯度也有所不一，所以通常采用的氟利昂制冷剂都要求为进口的。液体管道干燥过滤器出现堵塞时会引起吸气压力降低，在过滤器两端会出现温差，如出现这种情况，需要更换过滤器。

④ 高（低）压控制器

在制冷系统中，高（低）压控制器是起保护作用的装置。高压保护是上限保护，当高压压力达到设定值时，高压控制器断开，压缩机接触器的线圈释放，使压缩机停止工作，避免在超高压下运行损坏零件。高压保护是手动复位，当压缩机要再次启动时，需先按下复位按钮。当然，在重新启动压缩机前，应先检查出造成高压过高的原因，给予排除后，才能使机器正常运转。

低压保护是为了避免制冷系统在过低压力下运行而设置的保护装置，它的设定分为高限和低限，控制原理是：低压断开值就是上限—下限的压差值，重新开机值是上限值。低压控制器是自动复位。

5.1.4 加湿装置

机房不但对温度有一定的范围要求，对湿度同样有较高的范围要求，一般机房的温度应保持在 12～25 ℃，相对湿度为 30%～70%，一般电信机房的温度应保持在 10～30 ℃，相对湿度为 30%～75%。为了达到这一指标，机房专用空调中安装了加湿装置，它受机房空调的电脑板控制,当机房湿度低于设定湿度的下限时,自动启动加湿循环;当机房湿度高于设定湿度的上限时,自动停止加湿,使机房的温、湿度在正常范围内。

加湿器按照加湿方式分成两类:红外线加湿器和电极锅炉式加湿器。

1. 红外线加湿器

(1)红外线加湿器组成

红外线加湿器由高强度石英灯管、不锈钢反光板、不锈钢蒸发水盘、温度过热保护器、进水电磁阀、手动阀门、加湿水位控制器等组成。

(2)红外线加湿器工作原理

当空调房间的湿度低于设定的湿度时,电脑输出加湿信号,高强度石英灯管电源接通,通过不锈钢反光板的反射,5~6 s 内即可将水分子蒸发,送入送风系统,以达到加湿的目的。水位控制由浮球阀来实现,并且和进水电磁阀共同构成一个自动供水系统,如果供水量偏小或者无水供应,那么通过一个延时装置将自动切断红外线加湿灯管系统接触器线圈的电源,使之停止工作。在加湿器不锈钢反光板上部和水盘下部各有一个温度过热保护器,当停水或水压不够时,设备出现过热现象,当温度达到设定值时,保护器将断开加湿器的工作状态,同时引发加湿报警。

2. 电极锅炉式加湿器

(1)电极锅炉式加湿器组成

电极锅炉式加湿器(如图 5-6 所示)由电极锅炉、加湿罐蒸汽出口管、供水进口、供水进口管、电磁控制阀、水位传感器等组成。

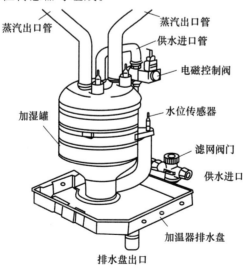

图 5-6　电极锅炉式加湿器

（2）电极锅炉式加湿器工作原理

当空调房间的湿度低于设定的湿度时，电脑输出加湿信号，电源接通，电磁阀打开，水将充填到传感器能感知到的水平。当加湿器中的电极加电以后，所产生的电流使水中的离子（不纯物质）产生运动，并逐渐热起来，达到沸点后产生蒸汽。几分钟之内，加湿器罐内将产生大量的水蒸气，水蒸气不断地从蒸气出口管流出，进入箱体蒸发器，再由风机送到机房，使环境的湿度提高。正常运行时，供水电磁阀每几分钟会打开一次，以重新充水。

5.2　典型工作任务

5.2.1　空调设备的维护要求

1. 通信空调机房一般要求

（1）房间密封良好（门窗密封防尘，封堵漏气孔道等），气流组织合理，保持正压和足够的新风量。

（2）程控机房的温度应保持在 $15 \sim 25\ ℃$，相对湿度为 $30\% \sim 70\%$。

（3）一般电信机房的温度应保持在 $10 \sim 30\ ℃$，相对湿度为 $30\% \sim 75\%$。

（4）为节约能源，通信机房的空调一般不使用制热功能，温度的设置尽可能靠近温度上限。

（5）安装空调设备的机房不准堆放杂物，环境应整洁，设备周围应留有足够的维护空间。

2. 空调技术要求

（1）设备应有专用的供电线路，电压波动不应超过额定电压的 $-10\% \sim +10\%$，三相电压不平衡度不超过 4%，电压波动大时应安装自动调压或稳压装置。

（2）设备应有良好的保护接地，接地电阻不大于 $10\ \Omega$。

（3）使用的润滑油符合要求，使用前润滑油应在室温下静置 $24\ h$ 以上，加油器具应洁净，不同规格的润滑油不能混用。

（4）空调系统能自动调节室内温、湿度，并能长期稳定地工作，有可靠的报警和自动保护功能。

（5）集中监控系统应能正确、及时地反映设备的工作状况和报警信息，并具有分级别控制的功能。

5.2.2　机房空调维护的基本要求

（1）定期清洁各种空调设备的表面，保持空调设备的表面无积尘、无油污。设备应有专用的供电线路，供电质量应符合相关要求。

（2）设备应有良好的保护接地，与局（站）联合接地可靠地连接。

（3）空调室外机电源线的室外部分穿放的保护套管及室外电源端子板、压力开关、温（湿）度传感器等的防水、防晒措施应到位。

（4）空调进、出水管路的布放路由应尽量远离机房通信设备；管路接头处安装的水浸告警传感器应完好有效；管路和制冷管道均应畅通，无渗漏、堵塞现象。

（5）确保空调室（内）外机周围的预留空间不被挤占，保证进（送）、排（回）风畅通，以提高空调的制冷（暖）效果和保证设备的正常运行。

（6）使用的润滑油应符合要求，使用前润滑油应在室温下静置 24 h 以上，加油器具应洁净，不同规格的润滑油不能混用。

（7）保温层无破损；导线无老化现象。

（8）应保持室内密封良好，气流组织合理，正压，必要时应具有送新风的功能。

（9）空调系统应能按要求调节室内温、湿度，并能长期稳定地工作，有可靠的报警和自动保护功能以及来电自动启动功能。

（10）充注制冷剂、焊接制冷管路时应做好防护措施，戴好防护手套和防护眼镜。

（11）定期对空调系统进行工况检查，及时掌握系统各主要设备的性能、指标，并对空调系统设备进行有针对性的整修和调测，以保证系统的运行稳定可靠。

（12）定期检查和拧紧所有接点的螺丝，重点检查空调机室外机架的加固与防蚀处理情况。

5.2.3　普通空调的巡检

（1）机房内安装的普通空调设备应能够满足长时间运转的要求，并具备停电保存温度设置和来电自启动功能。

（2）使用普通空调应注意以下方面。

① 勿受压：空调的外壳是塑料件，受压范围有限，若受压，面板变形，会影响冷暖气通过，严重时甚至会损坏内部的重要元件。

② 换季不用时：清扫滤清器，以免灰尘堆积影响下次使用；拔掉电源插头，以防意外

损坏;保持机内干燥;室外机置上保护罩,以免风吹、日晒、雨淋。

③ 重新使用:检查滤清器是否清洁,并确认已装上;取下室外的保护罩,移走遮挡物体;冲洗室外机的散热片;试机检查运行是否正常。

(3)普通空调设备的维护要求空调维护人员对其进行定期巡检和不定期维护检修。

(4)检查普通空调室外机电源线部分的保护套管的防护措施和室外电源端子板的防水、防晒措施是否到位。

(5)定期检测、校准空调的显示温度与空调实际温度的误差。

(6)定期检查、清洁空调表面和过滤网、冷凝器等,必要时给空调机加制冷剂。

(7)具备动力与环境集中监控系统,应通过动力与环境集中监控系统对普通空调进行监控,发现故障及时处理。

5.2.4　空调和新风设备检查维护

(1)检查并清洁空调室内机部分,检查空调运行是否正常,进、出风口有无阻挡物;停机断电后清洁空调内机表面和过滤网;清洗冷凝器的翅片。

(2)检查并清洁空调机的室外部分,检查空调室外机的运行是否正常,有无积灰,风机周围有无阻挡物;停机断电后清洗风机(如图 5-7 所示)。

图 5-7　吸尘器清洗风机

(3)检查空调室内机的设置温度,检查空调机是否设定为制冷工作状态;已安装空调智能控制器的基站,空调温度设定为 28 ℃。

(4)检查空调的制冷效果,在压缩机工作的前提下,用点温计测量进、出风口的温度差,进、出风口的温度差一般为 10 ℃左右。若温差过小则表明空调的制冷能力差,应检查是否缺少氟利昂。

（5）检查空调机的冷媒管和排水管,检查冷媒管的包裹有无破损,排水管有无破损和堵塞,检查冷凝水排水管路是否畅通。

（6）来电自启动功能检查。断开空调交流供电后再恢复供电,检查空调是否自动启动。

（7）远程开关机功能检查。联系监控中心,测试远程开关空调是否正常。

（8）空调智能控制器检查。检查空调智能控制器的工作状态是否正常,智能控制空调开关的功能是否正常;升高、降低空调智能控制器的温度传感器的表面温度,达到门限值,空调应能自动地开启或关闭。

（9）新风设备工作状态检查。检查新风设备的工作状态是否正常,告警面板显示是否清晰;检查参数设置;检查新风设备工作时的风量是否正常,发现问题应及时处理。

（10）新风设备的自启动和关闭性能检查。升高、降低新风设备的温度传感器的表面温度,检查新风设备能否自动开启或关闭,发现问题应及时处理。

（11）新风设备及滤网清洁。清洗新风设备的进、出风口过滤网（如图 5-8 所示）,清洁新风设备的表面及风机。

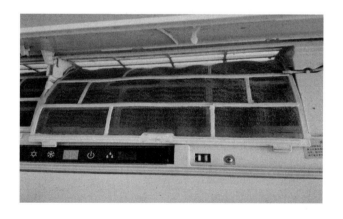

图 5-8　检查清洁过滤网

5.2.5　机房空调维护项目及周期表

机房空调设备的维护项目及维护周期如表 5-1 所示。

表 5-1　机房空调维护项目及维护周期

维护项目	序 号	维护具体内容	周 期
空气处理机	1	检查水浸情况、水浸告警系统是否正常	月
冷凝器	1	清洁设备表面	
	2	测试风机工作电流,检查风扇调速状况、风扇支座	
	3	检查电机轴承	
	4	检查、清洁风扇	
	5	检查、清洁冷凝器翅片	
压缩机部分	1	检查和测试吸、排气压力	
加湿器部分	1	保持加湿水盘和加湿罐的清洁,清除水垢	
	2	检查电磁阀和加湿器的工作情况	
	3	检查给、排水路是否畅通	
电气控制部分	1	检查报警器的声、光告警,接触器、熔断器是否正常	
空气处理机	1	检查风机的转动、皮带和轴承,清洁皮带和轴承	季
	2	清洁或更换过滤器	
	3	检查及修补破漏现象	
	4	清除冷凝沉淀物	
冷却系统	1	检查冷却环管路,清洁冷却水池	
压缩机部分	1	检测压缩机表面温度有无过冷、过热现象	
	2	通过视液镜检查并确定制冷剂情况是否正常	
加湿器部分	1	检查加湿器电极、远红外管是否正常	
电气控制部分	1	测量电机的负载电流、压缩机电流、风机电流是否正常	
空气处理机	1	检查和清洁蒸发器翅片	半年
压缩机部分	1	测试高低压保护装置	
加湿器部分	1	检查加湿器负荷电流和加湿器控制运行情况	
电气控制部分	1	检查所有的电器触点和电气元件	
	2	测试回风温度、相对湿度并校正温度、湿度传感器	
空气处理机	1	测量出风口风速及温差	年
冷却系统	1	检查冷却水泵,除垢	
	2	检查冷却风机是否正常	
	3	检查冷却水自动补水系统及告警装置是否完好	
压缩机部分	1	检查制冷剂管道固定情况	
	2	检查并修补制冷剂管道保温层	
电气控制部分	1	检查电加热器的可靠性	
	2	检查设备保护接地情况	
	3	检查设备绝缘状况	
	4	校正仪表、仪器	
	5	检查和处理所有的接点螺丝、机架	

5.2.6　空调来电自启动处理案例分析

空调来电自启动(停电补偿记忆功能)是空调自带的一种功能,当空调正常运行时,突然停电,空调所设定的参数仍然记忆在电路中,来电后空调会恢复到停电前的设定,自动开机。

空调来电自启动功能可以有效地解决在高温天气机房短时间停电带来的困扰,让空调恢复正常工作,从而减少维护的工作量;否则维护人员需要到现场开启空调。

案例　某学校 C 网基站温度过高告警。

【现象描述】某学校基站出现过停电,此次停电时间较短,停电后很快恢复电力,但是停电两天后基站机房均出现了温度过高告警,接到告警,维护人员进入基站,发现由于空调处于关机状态,所以机房出现温度过高告警。

【排查过程】该两处基站的空调未设置空调来电自启动功能,这时维护人员将空调设置为来电自启动。该两站点的空调均为海尔品牌的空调。

【处理过程】空调在开机状态下,将空调的静眠按钮在 5 秒钟内连续按下 10 次,按完后如果听到空调有 4 次响铃,说明来电自启动功能设置完成。同样将静眠按钮在 5 秒钟内连续按下 10 次,按完后如果听到空调有 2 次响铃,就说明空调的来电自启动功能完成取消。

【处理结果】现场 3 次以上测试停电、来电情况,空调均能实现来电自启动功能,由此说明此项功能可以实现当电源恢复时空调自动恢复启动之前状态。同样,该功能也可以取消。

习　　题

一、选择题

1. 机组正常工作时,进入蒸发器的是(　　)制冷剂。

A. 低温低压液态　　　　　　　　B. 低温低压气态

C. 高温高压液态　　　　　　　　D. 高温高压气态

2. 压缩机吸入的气体应该是(　　)。

A. 高压气体　　　　　　　　　　B. 湿蒸汽

C. 饱和蒸汽　　　　　　　　　　D. 有一定过热度的热空气

3. 空调制冷系统的心脏是(　　),制冷剂的循环流动都靠它实现。

A. 压缩机　　　　B. 冷凝器　　　　C. 膨胀阀　　　　D. 蒸发器

4. 把高温高压气态制冷剂冷凝成液态的设备是(　　　)。

A. 压缩机　　　　　B. 膨胀阀　　　　　C. 蒸发器　　　　　D. 冷凝器

5. 一个完整的制冷系统主要由(　　　)组成。

A. 压缩机、冷凝器、电磁阀、蒸发器

B. 压缩机、过滤网、膨胀阀、冷凝器

C. 压缩机、膨胀阀、冷凝器、蒸发器

D. 压缩机、膨胀阀、视液镜、蒸发器

6. 压缩式制冷循环经过 4 个过程,依次是(　　　)。

A. 压缩、节流、蒸发、冷凝

B. 冷凝、压缩、蒸发、节流

C. 蒸发、压缩、节流、冷凝

D. 压缩、冷凝、节流、蒸发

二、填空题

1. 压缩机内的电动机工作时产生大量的热,它是靠(　　　)循环来冷却的。

2. 空调的作用就是对空气进行处理,即夏季进行冷却除湿,冬季进行(　　　)以及过滤,净化空气等。

3. 空调通常包括(　　　)、通风和电气 3 个系统。

4. 空调的主要作用是调整(　　　)、湿度、气流和净化空气等。

第6章　高频开关整流设备维护

6.1　相关知识

6.1.1　高频开关电源的基本原理

在通信局(站)中,一般把以交流市电或发电机产生的电力作为输入,经整流后向各种电信设备和二次变换电源设备或装置提供直流电的电源称为直流电源。我国电信设备用的−48 V电源可直接向程控交换、数字传输等各种通信设备供电,对换流设备如直流变换器等供电时具有广泛的适用性,故称−48 V为直流基础电源。

传统的相控电源,是指由交流市电直接经过整流滤波提供直流电,通过改变晶闸管的导通相位角来控制整流器的输出电压的设备。相控电源所用的变压器是工频变压器,体积庞大。由于相控电源体积大、效率低、功率因数低,严重污染电网,其正逐渐被淘汰。高频开关电源的功率调整管工作在开关状态,有体积小、效率高、重量轻的优点,可以模块化设计,通常按 $N+1$ 备份(而相控电源需要 $1+1$ 备份),组成的系统可靠性高。正是这些优点,使得高频开关电源已在通信网中大量地取代了相控电源,并得到越来越广泛的应用。

1. 高频开关整流器的特点

(1) 重量轻,体积小

高频开关整流器采用高频技术,去掉了工频变压器,与相控整流器相比较,在输出同等功率的情况下,高频开关整流器的体积只有相控整流器体积的1/10,重量接近其1/10。

(2) 功率因数高

相控整流器的功率因数随可控硅导通角的变化而变化,一般在全导通时,可接近0.7以上,而小负载时,仅为0.3左右。经过校正的高频开关整流器的功率因数一般在0.93以上,并且基本不受负载变化的影响(对20%以上负载而言)。

（3）可闻噪音低

在相控整流设备中,工频变压器及滤波电感工作时产生的可闻噪声较大,一般大于60 dB,而高频开关整流器在无风扇的情况下可闻噪声仅为 45 dB 左右。

（4）效率高

高频开关整流器采用的功率器件一般功耗较小,带功率因数补偿的高频开关整流器的整机效率可达 88% 以上,较好的可做到 91% 以上。

（5）冲击电流小

高频开关整流器的开机冲击电流为可限制的额定输入电流的水平。

（6）模块式结构

由于体积小,重量轻,高频开关整流器可设计为模块式结构。目前的水平是,一个2 m高的 19 英寸(in)机架,其容量可达 48 V/1 000 A 以上,输出功率约为 60 kW。高频开关整流模块如图 6-1 所示。

整流设备特点
和主电路

图 6-1　高频开关整流模块

2. 高频开关电源的组成

高频开关电源的基本电路框图如图 6-2 所示。

高频开关电源的基本电路包括两部分:一是主电路,在从交流输入到直流输出的全过程中,完成功率转换任务;二是控制电路,通过为主电路变换器提供激励信号控制主电路工作,实现稳压。

（1）主电路

① 交流输入滤波器

交流输入滤芯波器的作用是将电网中的尖峰等杂波过滤,给本机提供良好的交流电,同时也防止本机产生的尖峰等杂音回馈到公共电网中。

② 整流滤波

整流滤波的作用是将电网的交流电直接整流为较平滑的直流电,以供下一级变换。

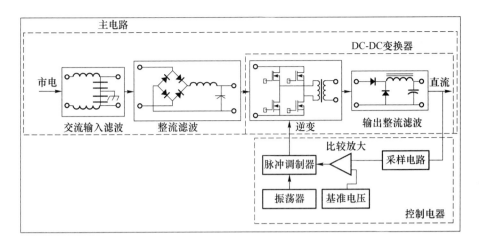

图 6-2　高频开关电源的基本电路框图

③ 逆变

逆变是将整流后的直流电变为高频交流电,提高频率,以利于使用较小的电容、电感滤波(减小体积、提高稳压精度),同时也有利于提高动态响应速度。频率最终受元器件、干扰、功耗以及成本的限制。

④ 输出整流滤波

输出整流滤波的作用是根据负载的需要,提供稳定可靠的直流电源。

由以上可知,逆变将直流变成高频交流,输出整流滤波再将交流变成所希望的直流,从而完成从一种直流电压到另一种直流电压的转换,因此也可以将这两个部分合称 DC-DC 变换(直流-直流变换)。

(2) 控制电路

从输出端采样,与设定标准(基准电源的电压)进行比较,然后去控制逆变器,改变其脉宽或频率,从而控制滤波电容的充放电时间,最终达到输出稳定电压的目的。

3. 高频开关电源的分类

(1) 按激励方式

按激励方式可分为自激式和他激式。自激式开关电源在接通电源后功率变换电路就自行产生振荡,即该电路是靠电路本身的正反馈过程来实现功率变换的。

自激式电路出现最早,它的特点是电路简单、响应速度较快,但开关频率变化大、输出纹波值较大,不易做精确的分析、设计,通常只有在小功率的情况下使用,如家电、仪器电源。

他激式开关电源需要外接的激励信号控制才能使变换电路工作,完成功率变换的任务。他激式开关电源的特点是开关频率恒定、输出纹波值小,但电路较复杂、造价较高、响应速度较慢。

（2）按开关电源所用的开关器件

按开关电源所用的开关器件可分为双极型晶体管开关电源、功率 MOS 管开关电源、IGBT 开关电源、晶闸管开关电源等。

功率 MOS 管用于开关频率为 100 kHz 以上的开关电源，晶闸管用于大功率开关电源。

（3）按开关电源控制方式

按开关电源控制方式可分为脉宽调制（PWM）开关电源、脉频调制（PFM）开关电源和混合调制开关电源。

（4）按开关电源的功率转换电路的结构形式

按开关电源的功率转换电路的结构形式可分为降压型开关电源、反相型开关电源、升压型开关电源和变压器型开关电源。

6.1.2 高频开关整流器主要技术

1. 功率转换电路

在高频开关整流器中，将大功率的高压（几百伏）直流电转换成低压（几十伏）直流电，是由功率转换电路完成的。这是整流器最根本的任务，完成得是否好，主要看两点：一是功率转换过程中的效率是否高，二是大功率电路的体积是否小。要使效率提高，我们容易想到利用变压器，功率转换电路就是：高压直流→高压交流→降压变压器→低压交流→低压直流的过程；要使功率转换电路的体积小，除了组成电路的元器件性能好、功耗小以外，减小变压器的体积是最主要的。变压器的体积与工作频率成反比，提高变压器的工作频率就能有效地减小变压器体积。所以功率转换电路又可以描述成：高压直流→高压高频交流→高频降压变压器→低压高频交流→低压直流的过程。

2. 时间比例控制稳压原理

引入时间比例控制的概念的目的，是因为整流器的一个重要性能是输出电压稳定；也就是整流器被称为稳压整流器的原因。高频开关整流器的原理就是时间比例控制。

（1）时间比例控制原理

开关以一定的时间间隔重复地接通和断开，输入电流断续地向负载提供能量。经过储能元件的平滑作用，负载得到连续而稳定的能量，在负载端得到的平均电压用以下公式表示：

$$U_O = U_{AB} = \frac{1}{T}\int_0^T U_{AB}\mathrm{d}t = \frac{t_{on}}{T} \times E = \delta E$$

式中，t_{on} 为开关每次工作接通的时间；T 为开关通断的周期；$\delta = \frac{t_{on}}{T}$ 为脉冲占空比。

由公式可知，改变开关接通时间 t_{on} 和工作周期 T 的比例，即可改变输出直流电压

U_O。这种通过改变开关接通时间 t_{on} 和工作周期 T 的比例,亦即改变脉冲占空比来调整输出电压的方法,称为"时间比例控制(Time Ratio Control,TRC)"。

（2）TRC 控制方式

TRC 有 3 种实现方式,即脉冲宽度调制方式、脉冲频率调制方式和混合调制方式。

① 脉冲宽度调制(Pulse Width Modulation,PWM)

PWM 方式是指开关工作周期恒定,通过改变脉冲宽度来改变占空比的方式。

② 脉冲频率调制(Pulse Frequency Modulation,PFM)

PFM 方式是指导通脉冲宽度恒定,通过改变开关工作频率来改变占空比的方式。

③ 混合调制

混合调制方式是指导通脉冲宽度和开关工作频率均不固定,彼此都能改变的方式,它是以上两种方式的混合。

3. 高频开关元器件

高频开关整流器中,功率转换电路是其主要组成部分,高频开关整流器的频率就是功率转换电路的工作频率,取决于开关管的工作频率。目前常用的高频功率开关器件有功率场效应管(MOSFET)与绝缘栅双极晶体管(IGBT)以及两者混合管、功率集成器件。功率场效应管的工作频率通常为 30～100 kHz。绝缘栅双极晶体管的驱动由栅极电压来控制。

4. 功率因数校正电路

在高频开关电源中,功率因数校正可采用无源功率因数校正和有源功率因数校正。

（1）无源功率因数校正的基本原理

采用无源功率因数校正法时,应在开关电源输入端加入电感量很大的低频电感,以便减小滤波电容充电电流的尖峰。这种校正方法比较简单,但是校正效果不是很理想,通常经无源功率因数校正后,功率因数可达到 0.85。此外,采用无源功率校正法时,功率因数校正电感的体积很大,增加了开关电源的体积,因此,目前这种方法很少采用。

（2）有源功率因数校正的基本原理

有源功率因数校正电路主要由桥式整流器、高频电感 L、功率开关管 VT、二极管 VD、滤波电容 C 和控制器等部分组成,该电路实质上是一种升压变换器。

控制器主要由基准电源、低通滤波器、误差放大器、乘法器、电流检测与变换电路、信号综合电路、锯齿波发生器、比较器和功率开关管驱动电路等部分组成。功率因数校正电路的输出电压经低通滤波器滤波后,加入误差放大器,与基准电压比较,二者之差经放大后,送入乘法器。为了使功率因数校正电路的输入电流为正弦波并且与电网电压同相位,市电电压经全波整流后,也加到乘法器。乘法器将输入电压信号与输出误差信号相乘后,送入信号综合电路。电流取样电阻 R_s 两端的电压正比于功率因数校正电路的输入电流。R_s 两端的电压加到信号综合电路，与乘法器的输出信号综合。信号综合电路输出的模拟信号与锯齿波发生器产生的锯齿波电压经比较器 C 比较后，转换成脉宽调制（PWM）信号，该信号经驱动电路放大后，控制功率开关管 VT（MOSFET）导通或关断。MOSFET 导通后，高频电感 L 中的电流 i_L（也即功率因数校正电路的输入电流）线性上升。当 i_L 的波形与整流后的市电电压波形相交时，通过控制器使 MOSFET 关断。

5. 负载均分电路

一套开关电源系统至少需要两个开关电源模块并联工作，大的系统甚至需要多达数十个电源模块并联工作，这就要求并联工作的电源模块能够平均分担负载电流，即均分负载电流。均分负载电流的作用是使系统中的每个模块有效地输出功率，使系统中的各模块处于最佳工作状态，以保证电源系统稳定、可靠、高效地工作。

负载均分性能一般以不平衡度来衡量，不平衡度越小，其均分性能越好，即各模块的实际输出电流值距系统要求值的偏离点和离散性越小。

目前，开关电源系统的负载均分不平衡度不超过 5%。

6.1.3　高频开关电源系统简述

高频开关电源系统如图 6-3 所示，系统的工作原理框图如图 6-4 所示。由图 6-3 中可见，一个完整的组合通信电源系统包括 5 个基本组成部分，分别是交流配电单元、整流部分、直流配电单元、监控系统，下面分别进行介绍。

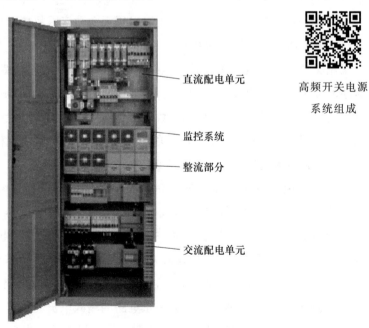

图 6-3　高频开关电源系统

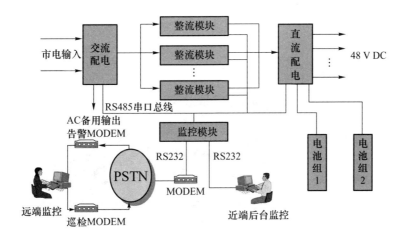

图 6-4　高频开关电源系统原理框图

1．交流配电单元

交流配电单元将市电接入，经过切换送入系统，交流电经分配单元分配后，一部分提供给开关整流器，一部分作为备用输出，供用户使用。

系统可以由两路市电（或一路市电一路油机）供电，两路市电采取主备工作方式，平时由市电 1 供电，当市电 1 发生故障时，切换到市电 2（或者油机），在切换过程中，通信设备的用电由蓄电池来供给。两路市电的输入要求有机械或者电气互锁，防止两路交流电输入短接。两者的切换在小系统中一般用电气自动切换，大系统中一般用手动切换。另外，在交流断电的情况下，交流配电单元提供一路直流应急照明输出。

系统的第二级防雷电路放在交流配电单元中。在交流配电单元中，交流防雷关系到整个电源系统的安全，因此系统的二级防雷器件选用带有遥信触点 TT 接法的防雷器，防雷器前还应加防雷空开。

交流配电单元内应有监控的取样、检测、显示、告警及通信的功能。

空气开关为交流配电单元的主要器件，应谨慎选用。

交流配电单元的结构及原理如图 6-5 所示。

2．整流部分

整流部分的功能是将由交流配电单元提供的交流电变换成－48 V 直流电并输出到直流配电单元。整流部分包括整流模块和结构部分（机架）。

高频开关整流器采用 MOSFET 和 IGBT 等新一代开关器件，工作频率大多高于 20 kHz，体积和重量大幅度减小，消除了噪音，在采用功率因数校正技术后，提高了功率因数，使之接近 1。

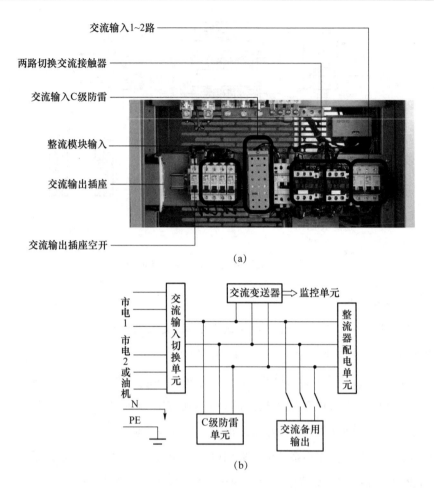

图 6-5 交流配电单元的结构及原理图

结构部分,整流机架一方面给整流模块提供了一个安装结构上的支撑;另一方面,整流机架上有汇流母排,能够将各个整流模块的直流输出汇接至直流配电单元。

整流模块的工作原理说明如下。

经交流配电(屏)来的单相 220 V(5500/6000 系列为三相 380 V)交流电源接入整流模块之后,经过 AC 断路器、保险丝等保护组件,进入 EMI 滤波器,单相(三相)交流电源经桥式整流器整流为直流后,再经主动式功率因数校正线路(PFC Boost Converter),经 PFC 控制器完成高功率因数(PF $>$0.99)、低失真因数(THD $<$5%)的要求,产生一约 400 V(三相为 530 V)的直流电压,供给直流-直流转换器使用。

接着,400 V(三相为 530 V)直流电压经直流-直流转换器产生一稳定的输出电压,回馈至直流控制器,得到稳定的直流输出,输出到系统的并联铜排上,再经过直流(屏)配电后,输送到各个用电设备。另外,为了对整流模块与系统做最佳与适时的保护,设保护回路,其包含输出过高(低)压保护、输出过流保护、过温度保护、短路保护、风扇失效保护。

通信用高频开关电源系统的主设备如图 6-6 所示,电源系统的整流屏可安装多个整流模块和 1 个监控模块,通过整流模块完成将输入交流电转换成输出直流电的过程,通过监控模块,实现对整个电源系统的各项监测和控制功能。

图 6-6　高频开关电源系统的主设备

开关电源系统可以模块化设计,通常按 $N+1$ 备份,组成的系统可靠性高。当系统的一台整流器出现故障时,其他整流器应可以保证负载正常工作和电池充电的同时进行。

3. 直流配电单元

整流模块的输出并联进入直流配电单元。直流配电单元可以提供 1~3 路蓄电池接入和多路直流负载输出,负载和蓄电池的输出端均接有熔丝或空气开关,每组直流输出采用一个直流接触器控制,具有二次下电功能。后备电池组的输入与开关整流器的输出汇流母排并联,以保证开关整流器无输出时,后备电池组能向负载供电。

直流配电单元的技术关键在于保证屏内压降的值较小,保证显示的准确性和监控的可靠实现,内部的布局能根据用户的需求灵活改变,方便工程开局,上下出线均可。直流配电单元的结构及原理如图 6-7 所示。

4. 监控系统

监控系统以多个监控级自下而上逐级汇接的方式构成,每个监控级一般按辐射方式与若干下级监控级连接成一点对多点的监控系统,最低一级为设备监控单元(监控模块)与其监控的若干设备的连接。监控模块如图 6-8 所示。

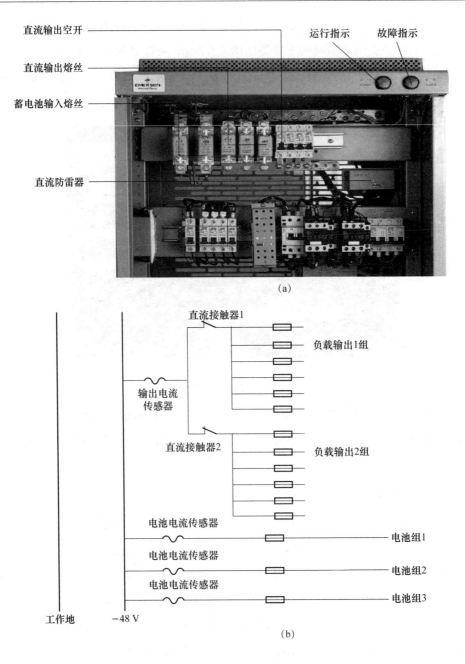

图 6-7 直流配电单元的结构及原理图

在一台组合电源系统中,其设备监控单元就是我们常说的监控模块。监控模块通过 RS485 总线对各个被监控部分(包括整流模块,交、直流配电部分,蓄电池,有的还包括一些环境量)进行控制,控制液晶的显示,接收键盘的操作,并与后台监控系统或远端监控中心进行通信,实现远程监控功能。有些开关整流器内部具有独立的监控单元,能够完成对整流器参数的检测与控制、液晶显示和与监控模块的信息传递等。

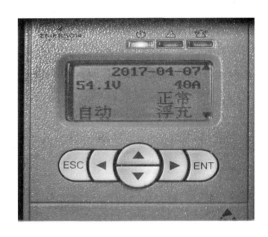

图 6-8　监控模块

6.1.4　高频开关电源技术参数

高频开关电源系统的主要技术参数:额定直流输出电压、浮充电压、均充电压、功率因数、稳压精度、效率、杂音电压(不接蓄电池组)、电池温度补偿等。

1. 额定直流输出电压

额定直流输出电压指市电经整流模块变换后的额定输出电压,其电压值为-48 V,电压允许变动范围$-40\sim-57$ V。这种"$-$"型基础电压是指电源正馈电线接地,作为参考电位零伏,负馈电线装接熔断器后,与机架电源连接。

2. 浮充电压

在市电正常时,蓄电池与整流器并联运行,蓄电池自放电引起的容量损失便在全浮充过程被补足,根据电池特性及温度所需补充的损失电流的多少而设定的电压即为浮充电压。

3. 均充电压

为使蓄电池快速补充容量,视需要升高浮充电压,使流入电池的补充电流增加,这一过程中整流器输出的电压为均充电压。

4. 功率因数

有功功率对视在功率的比叫作功率因数。由于开关电源电路的整流部分使电网的电流波形畸变,谐波含量增大,而导致功率因数降低(不采取任何措施,功率因数只有$0.6\sim0.7$),污染了电网环境。开关电源要大量地接入电网,就必须提高功率因数,减轻对电网的污染,以免破坏电网的供电质量。满载状态下,功率因数不低于0.92。

5. 稳压精度

满载状态下,当输入电压由最大变到最小时,整流器输出电压的调整范围不超过$\pm1\%$。

123

6. 效率

开关电源模块的寿命由模块内部工作温升决定。温升高低主要由模块的效率高低决定。开关电源模块主要采用的是脉宽调制技术(PWM)。模块的损耗主要由主开关管的开通、关断及导通 3 种状态下的损耗,浪涌吸收电路损耗,整流二极管导通损耗,工作和辅助电源功耗及磁芯元件损耗等因素构成,主开关管的开通、关断及导通状态中的损耗所占的比例最大。开关状态中的损耗是 PWM 控制技术固有的缺点。满载状态下,效率不低于 0.90。

7. 杂音电压(不接蓄电池组)

(1) 衡重杂音

电话电路以 800 Hz 杂音电压为标准,其他频率杂音电压响度的强弱,用等效杂音系数表示,称为衡重杂音。

系统衡重杂音的测量点视情况选择在整流器输出端、蓄电池输出端及机房机架的输入端,各测量点的数值不同。

(2) 宽频杂音

宽频杂音指各次谐波的均方根值,即周期连续频谱电压。

(3) 峰值杂音

峰值杂音指叠加在直流输出上的交流分量峰值,即指晶闸管或高频开关电路导致的针状脉冲。

(4) 离散杂音

离散杂音指无线电干扰杂音或射频杂音,通常为 150 kHz～30 MHz 频率内的个别频率杂音。

(5) 峰-峰值杂音

峰-峰值杂音指由于电源干扰或本机故障所产生的杂音。

各杂音的指标如下:

① 电话衡重杂音电压≤2 mV(300～3 400 Hz);

② 宽频杂音电压≤100 mV(3.4～150 kHz),宽频杂音电压≤30 mV(0.15～30 MHz);

③ 离散频率杂音电压≤5 mV(3.4～150 kHz),离散频率杂音电压≤3 mV(150～200 kHz);

④ 离散频率杂音电压≤2 mV(200～500 kHz),离散频率杂音电压≤1 mV(0.5～30 MHz);

⑤ 峰—峰杂音电压≤200 mV。

8. 电池温度补偿

电池温度补偿是适合阀控电池温度补偿要求的自动调节功能,即当环境温度升高一度或降低一度,直流输出电压应相应地降低 3 mV/节或升高 3 mV/节。

6.1.5　高频开关电源系统保护

1. 输入过电压保护

当交流输入电压超过内部设定值时,模块则自动停机保护。交流输入电压恢复正常后,模块自动恢复正常。

2. 输入欠电压保护

当交流输入电压低于额定工作范围时,模块会降低其输出电流量;当交流输入电压跌至低于内部设定值时,模块自动停机保护。交流输入电压恢复正常后,模块自动恢复正常。

3. 输出过电压保护

当整流模块的直流输出电压超过内部设定值时,系统则发出告警;电压恢复正常后,告警自动取消。

4. 输出低电压保护

当整流模块的直流输出电压低于内部设定值时,系统则发出告警;电压恢复正常后,告警自动取消。

5. 输出过电流及输出短路保护

当整流模块的直流输出电流超过内部设定值或输出电路短路时,模块自动限流在110%额定电流;但当电流过大或输出电路短路,使得输出电压下降至低于内部设定值时,模块则自动停机,在短路或过电流故障排除后,须重新开机才能恢复正常(瞬间短路可自动恢复)。

6. 输出限流保护

设定限流值范围为 20%~100% 额定电流。

7. 模块内部温度过高保护

当模块内部(散热器)温度超过内部设定值时,模块则自动停机;温度下降后,须重新开机才能恢复。

8. 雷击突波保护

9. 静电破坏保护(ESD)

10. 电路保护

输入电路配备保险丝与断路器,输出电路配备保险丝。

6.2 典型工作任务

6.2.1 高频开关电源系统调测

系统初次上电前一般要进行必要的接线以及各部位检查,先将所有的开关断开,确保没有短路事故。上电顺序依次为:(1) 合上系统外的交流配电开关;(2) 合上系统交流配电屏(单元)的交流 1(或交流 2)输入开关或刀闸,此时如果交流输入正常,机柜面板上的电源指示灯应亮;(3) 合上防雷开关,确认系统无任何异常;(4) 首先合上交流配电屏(单元)输出至整流架的分路开关,再逐一合上整流模块开关,整流模块开始工作后,用万用表测量系统直流电压是否为默认浮充电压(误差应在 0.2 V 以内);(5) 监控模块上电,检查监控的实时数据是否与实际相符,监控模块与每一个模块的通信是否正常;(6) 设置系统运行参数;(7) 接入蓄电池组,先调整系统的输出电压,使其与蓄电池组的开路电压一致(误差一般在 0.5 V 以内),再逐一合上蓄电池熔丝,恢复系统的正常工作电压;(8) 功能测试;(9) 负载上电,确保用电设备的电源输入开关断开、供电线路的正负极性正确、线路绝缘良好,合上负载熔丝或空气开关。

交流下电顺序与上电顺序相反:先断开模块交流空开,再断开交流配电屏(箱)里的交流输入总开关(空开),最后切断机柜外的用户配电开关,下电结束。

6.2.2 整流模块维护与更换

1. 整流设备维护的基本要求

输入电压的变化范围应在设备允许工作电压变动的范围之内;工作电流不应超过额定值,各种自动、告警和保护功能均应正常;要保持布线整齐,各种开关、刀闸、熔断器、插接件、接线端子等部位接触良好,无电蚀与过热;机壳应有良好的保护接地;备用电路板、备用模块应半年试验一次,以保持性能良好;整流设备的输出电压必须满足蓄电池要求的浮充电压和均充电压,整流设备的容量必须满足负载电流和 $0.1C_{10}$ A 的蓄电池充电电流的需要。

2. 整流模块清洁与保养

(1) 日常维护项目

直流供电系统平时可实现无人现场管理,需要按照一定的周期对机器进行现场维护和保养。系统面板或外盖表面皆经特殊外观处理,故在清洁机身时,切勿使用有机性溶剂或挥发性溶剂(以免外观受损进而引起腐蚀)。平时只需要用毛刷清除外壳和面板的灰尘,必要时可使用温和性清洁剂(如肥皂)或清水擦拭。(不能用喷雾罐,或沾水太多,否则易渗入内部造成电气短路。)

(2) 定期巡检项目

检查设备面板各参数的指示值及指示灯是否正确(应用数字电压表测量的实际电压与面板指示值进行比较);检查各模块的工作状态是否正常;检查各保险及熔丝的接触和温度是否正常(最好能用适当的温度计量取);检查面板各参数的设置值是否正确,发现有误时应查明原因并及时更正。

3. 整流模块的移出与替换

(1) 整流模块的移出

① 将交流输入断路器(在整流模块面板上)切至 OFF;②此时查看监控模块(CSU)数据中的模块数据,该台整流模块(SMR)位置为关闭;③将锁住整流模块的把手向下按,向外拉出;④先用一只手抓住整流模块把手慢慢拉出,再用另一只手托住整流模块的后半截,然后完全抽离机柜;⑤此时查看 CSU 的记录,该台 SMR 位置关闭,并且移除该台SMR。整流模块更换如图 6-9 所示。

注意:整流模块的把手开关机构上有安全卡榫保护,在把手未弹出时将无法装入与拔出整流模块,以避免操作上的错误。整流模块移出后,通电直流电压总线暴露在机柜内部,应注意安全,避免用手或工具碰触。

整流模块
维护与更换

图 6-9　整流模块更换

(2) 整流模块的替换

①将欲替换整流模块的交流输入断路器(在整流模块面板上方)切至 OFF;②用一只手抓住整流模块把手,用另一只手托住整流模块的后半截抬起,调整整流模块的位置,使整流模块在下面的沟槽对准机柜下面的滑轨,对准后保持均匀垂直慢慢地推入到底;③将整流模块的把手向内推,锁定 SMR 单机④将此台整流模块的交流输入断路器向右切至 ON,若能在线外将此台整流模块先调整设定好为最佳;⑤查核或重新设定替换整流模块;⑥查看 CSU 的模块资料,查看该台 SMR 的状态是否为 OK,是否均流及温度是否

正常;⑦查看 CSU 的记录资料,查看该台 SMR 是否加入运转。

4. 整流模块风扇更换

风扇因长时间运转,常常寿命减短,当发现有风扇故障或异常出现时,应立即进行更换,以维持高性能的运转。

(1) 将风扇故障的整流模块关机(AC 开关)。

(2) 依照整流模块的移出步骤,将其由系统机柜取出。

(3) 将该台 SMR 的塑料面板拆除。

(4) 将故障风扇上的四个固定螺丝卸下后换上新的风扇。(注意出线位置需和原来的位置一样。)

(5) 依序将风扇螺丝锁回,连接器插上。依照整流模块的替换步骤,将其装回系统机柜,完成必要步骤后即完成更换作业。

6.2.3 监控模块故障和修护

除了具有监控输出电压、电流以及各种告警功能外,监控模块也有电压控制作用,控制电池充电电流、电池温度补偿、电池均流等。监控模块能够通过抑制整流模块的输出电压值使之低于最小的电池电压,从而控制电流,使电池电压达到最低。由于监控模块的故障会导致整流模块对电压进行抑制,要避免上述电池放电情况的发生,需进行下述操作。

断开连接整流模块到监控模块的电缆,这样就不会有电压控制信号,避免电池放电,或从系统上拔出监控模块也能起到相同的效果。如果监控模块没有连接,整流模块将会恢复预设的浮充电压并被动地均分负载。监控模块具有"热交换"功能,如果监控模块出现故障,只需拔出故障模块,插入新的即可。新插入的模块会自动读取系统参数,利用监控软件,在监控模块的面板菜单上检查系统参数。

6.2.4 直流熔丝选用和更换

直流熔丝的选用和更换步骤如下。

1. 检查熔丝的熔断指示。

2. 用红外仪检查熔丝的温升。温升＝表面最大温度－环境温度($\Delta t > 50$ ℃)。用电流表测量熔丝上下线路的电流,若一样,则熔丝未熔断。

3. 更换熔丝。

(1) 更换已熔断熔丝:①用插拔器拔出熔丝;②切断负荷开关;③选择好的、合适的熔丝;④在没有负载的情况下插上;⑤加负载。

(2) 更换温升＞50 ℃的熔丝:①选择合适的备用熔丝;②放临时线与原熔丝复接;

③更换熔丝,选择合适的、好的熔丝(1.5～2 倍最大负荷电流);④拆临时线。

直流熔丝更换如图 6-10 所示。

图 6-10　直流熔丝更换

6.2.5　高频开关电源设备的检查维护

1. 高频开关电源设备的检查维护内容

(1)检查开关电源的工作状态。开关电源一般应该处于自动模式;浮充电压一般处于 53.5～54.0 V 之间,根据不同厂家电池的要求而定,均充电压一般为 56.4 V。检查均、浮充电压如图 6-11 所示。

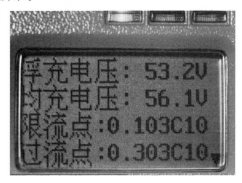

图 6-11　检查均、浮充电压

(2)检查告警指示状态。①指示灯状态:一般绿灯为工作正常指示;黄灯为提示性信息,提示限流、均充等非故障状态,一般不影响工作,但要加以关注;红灯为故障提示,需要及时解决,包括交流输入中断、整流模块风扇故障、整流模块故障。②告警信息:查看有无当前告警,根据当前告警信息,采取具体解决措施;查看历史告警记录,了解近期开关电源的运行状况。检查告警指示如图 6-12 所示。

(3)检查面板显示功能。检查面板是否显示清晰,有无显示模糊、外观变形和损坏等问题,如果面板无显示,检查面板按键功能是否正常,发现问题应及时处理。

(4)检查风扇是否正常。检查整流模块风扇运行是否正常,有无嘈杂声和停转现象,扇叶是否清洁无灰尘。

图 6-12　检查告警指示

（5）检查开关模块配备，检查整流模块配备数量。整流模块应配备 $N+1$ 热备份，即在满足负载和电池充电的前提下，多安装一只整流模块作热备份，以防止在用模块损坏退服，避免发生限流。

（6）测量输出电压、电流。使用万用表直流挡分别测量开关电源的输出电压，用钳形电流表测量输出电流，并与面板显示数值进行比较。图 6-13 所示为钳形电流表测量电流。

设备检查与维护

图 6-13　钳形电流表测量电流

（7）开关电源设备清洁，使用木柄毛刷、皮吹等清洁开关电源及熔断器、空开等表面，保证机架内干净无灰尘。地脚螺丝使用扳手拧紧。检查模块风扇风道、滤尘网、机柜风道等有无遮挡物、有无灰尘累积。使用毛刷、皮老虎对风道挡板、风扇、滤尘网等进行拆卸清扫、清洗，晾干后装回原位。注意整流模块需断电并拔出后才能维护，避免在线除尘。检查开关整流模块配备如图 6-14 所示。

图 6-14　检查开关整流模块配备

（8）检查标签，如图 6-15 所示。开关电源机架上所有已使用的空气开关、熔丝和电缆末端必须粘贴标签，检查标签是否齐全、清晰、准确，发现标签缺少、模糊、信息错误等问题应立即进行处理。

图 6-15　检查标签

（9）检查防雷保护，如图 6-16 所示。检查防雷空开是否跳闸，检查防雷片是否损坏。防雷空开应处于闭合状态，每个防雷片的状态窗口均呈绿色。防雷空开跳闸时，请先检查防雷片是否击穿，排除防雷片故障后再闭合防雷空开；防雷片的状态窗口呈红色时，应更换故障防雷片。

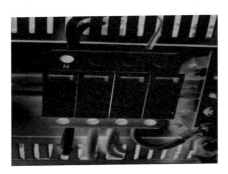

图 6-16　检查防雷保护

注意：未检查防雷片前，严禁闭合已跳闸的防雷空开，以免造成故障的扩大；故障防雷片最好整组一起更换。

（10）检查接线端子的接触是否良好，检查所有信号电缆的绝缘性和走线安全性；检查信号电缆与监控单元信号口的接触是否牢固（手摇无松动）；检查温度传感器是否正确地接入系统，温度探头是否安放于合理的位置，若发现问题，应使用绝缘处理过的工具进行紧固。检查所有输入/输出电缆的绝缘性和走线安全性，检查手摇接线端子有无松动，如松动，应使用绝缘处理过的工具进行紧固。

（11）检查开关、接触器件的接触是否良好，目测检查开关电源机架内所有开关、接触器和继电器等开关器件的外观是否完好，有无氧化、锈蚀现象。使用点温仪测量开关器件的温度，使用万用表测量器件两端的电压降。断路器接近额定容量时，表面温度＜70 ℃，接触点温度与室温相差＜5 ℃,电压降≤5 mV/100 A。如出现温度异常升高或电压较高的情况,需检查端子是否紧固。

2. 开关整流器维护项目及周期

开关整流器维护项目及周期如表 6-1 所示。

表 6-1 开关整流器维护项目及周期

序　号	项　目	周　期
1	检查告警指示、显示功能	月
2	接地保护检查	
3	测量直流熔断器的压降或温升	
4	检查继电器、断路器、风扇是否正常	
5	检查负载均分性能	
6	清洁设备	
7	检查测试监控性能是否正常	
8	检查直流输出限流保护	季
9	检查防雷保护	
10	检查接线端子的接触是否良好	
11	检查开关、接触器接触是否良好	
12	测试中性线电流	
13	检查母排温度	半年
14	检查动力机房到专业机房的直流母排、输出电缆的绝缘防护	
15	测试衡重杂音电压	年

6.2.6 监控模块的运行操作

监控模块的日常使用操作包括系统参数浏览、系统参数设置、系统时间设置、系统密码修改、均/浮充控制等,下面以某型号开关电源系统监控模块交流参数的设置为例进行介绍。

监控模块上电一分钟后,将显示其主界面,如表 6-2 所示。

表 6-2 监控模块主界面

系统信息		11:17:23
系统电压	53.5 V	菜单
系统状态	正常	帮助
电池状态	浮充	关于

交流参数的设置主要是进行用户级设置,交流屏参数设置如表 6-3 所示。

表 6-3 交流屏参数设置

设置权限	设置参数	参考设置
用户级设置	交流过压告警点/V	418
	交流欠压告警点/V	323
	交流缺相告警点/V	依具体设备要求
	交流过频告警点/Hz	52
	交流欠频告警点/Hz	48
	交流过流告警点/A	交流配电屏额定容量
	交流电流互感器系数	依设备要求
	交流输出路数	依设备配置

交流参数设置的操作方法如图 6-17 所示。

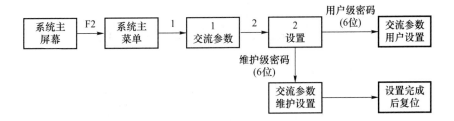

图 6-17 交流参数设置的操作方法

6.2.7 监控模块设置浮充电压

高频开关电源设备出厂时大部分都已经按照系统配置进行了设置,无须改动。现场只需根据电池容量和实际使用情况再进行相关的设置即可。以设置浮充电压为例,设置方法详细介绍如下。

1. 设置步骤

设置步骤如图 6-18 所示。

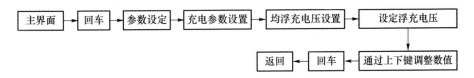

图 6-18 设置步骤

2. 实际操作演示

实际操作演示如图 6-19～图 6-26 所示。主界面状态见图 6-19 所示的监控面板。

图 6-19　监控面板

按"回车"键显示如图 6-20 所示。

图 6-20　回车后主界面显示

按"下翻"页找到"参数设定"(图 6-21)。

图 6-21　下翻至参数设定

按"回车"键进入(图 6-22)。

图 6-22 回车进入参数设定

按"下翻"页,找到"充电参数设定"(图 6-23)。

图 6-23 找到充电参数设定

按"回车"键,进入后按"下翻"页找到"均浮充电压设定"(图 6-24)。

图 6-24 找到均浮充电压设定

按"回车"键进入(图 6-25)。

图 6-25 进入均浮充电压设定

通过"上翻"页和"下翻"页来设定系统浮充电压,设定完成后按"回车"键确认,系统当前电压就被更改为设定后的电压。连续按"返回"按钮,直到回到主菜单,参数设置完成(图 6-26)。

图 6-26 参数设置完成

6.2.8 高频开关电源设备故障处理

高频开关电源设备的故障处理如表 6-4 所示。

表 6-4 高频开关电源设备故障处理

故障现象	故障分析	故障解决方法
市电正常而系统不工作	1. 系统输入空开供电不正常	恢复供电
	2. 市电采样板输出不正常	更换市电采样板
	3. 市电控制板不正常	更换市电控制板
	4. 测量交流接触器的线包电阻是否在 $100\sim200\ \Omega$ 之间,如果相差很大,则应更换交流接触器	更换交流接触器

故障现象	故障分析	故障解决方法
整流模块显示电压正常，无告警，无电流输出	1. 监控模块设置不正确，造成整流模块失控	检查监控模块的整流模块个数设置与该模块的实时数据
	2. 整流模块坏	更换整流模块
开关电源防雷器故障告警	1. 防雷器件不正常，防雷模块的小窗口如果变红，代表防雷器损坏	更换防雷模块
	2. 防雷器件松动、接触不好	拔出防雷模块重新插紧
模块正常工作，传输工作正常，但主设备无法供电	1. 监控模块故障	先将监控模块电源关闭，看主设备能否工作，如能工作则是监控模块故障，更换监控模块
	2. 一次下电控制板故障	更换一次下电控制板
	3. 直流接触器故障	用万用表测量直流接触器的线圈有无电压，如果有电压仍不能吸合，更换直流接触器

实训项目　高频开关电源系统维护

一、实训目的

1. 熟悉高频开关电源系统的组成

2. 熟悉高频开关电源系统的结构及主要元器件工作情况

3. 掌握高频开关电源系统各个模块的相关接线及操作

4. 会进行整流模块更换和直流熔丝更换

二、准备内容

1. 交流配电模块的工作原理

2. 直流配电模块的工作原理

3. 整流模块的工作原理

三、实验器材

组合开关电源系统一套、蓄电池一组

四、实训内容

1. 交流配电模块

（1）对照机器熟悉交流配电模块的组成

（2）对照机器熟悉交流配电模块的主要元器件

（3）对照机器追踪交流配电的主电路

（4）学会市电接线、油机发电机接线

2. 直流配电模块

（1）对照机器熟悉直流配电模块的组成

（2）对照机器熟悉直流配电模块的主要元器件

（3）对照机器追踪直流配电的主电路

（4）学会蓄电池组接线、直流输出接线等

（5）对照机器讲解蓄电池组单独放电时的一次下电、二次下电及作用

3. 整流模块

（1）对照机器熟悉整流模块的结构、相关接线及开关机操作

（2）学会更换整流模块和直流熔丝

序　号	操作步骤	操作要点
1	更换整流模块	1. 将亮红色告警灯的整流模块对应的市电开关关闭 2. 用手按下模块前下方的把手使之弹出 3. 一手拉住模块的把手向外拔，另一只手从下方托住模块的后半部分使模块脱离槽位 4. 把新模块放进槽位推到最后面，使模块的前面和其他模块保持平齐 5. 按下模块前下方的把手 6. 将模块对应的市电开关合上
2	更换直流熔丝	1. 准备好专用的熔丝更换工具 2. 确认待更换的熔丝后，使用专用熔丝更换工具卡住两端卡口，迅速拔出 3. 根据熔丝相应容量选定新熔丝 4. 用专用工具先将熔丝下口卡入凹槽，待下端卡好后将上端迅速卡入 5. 更换完毕后查看设备是否正常运行

习　　题

一、选择题

1. IGBT 是开关电源中的一种常用功率开关管，它的全称是（　　）。

A. 绝缘栅场效应管　　　　　　　　　　B. 结型场效应管

C. 绝缘栅双极晶体管　　　　　　　　　D. 双极型功率晶体管

2. 高频开关电源的二次下电功能的作用是（　　）。

A. 避免蓄电池组过放电

B. 保护整流器

C. 切断部分次要负载,延长重要负载的后备时间

D. 发出电池电压低告警

3. 高频开关电源的一次下电功能的作用是(　　)。

A. 避免蓄电池组过放电

B. 保护整流器

C. 切断部分次要负载,延长重要负载的后备时间

D. 发出电池电压低告警

4. 当前开关电源大量使用 PWM 技术,即(　　)。

A. 脉宽调制技术　　　　　　　　B. 脉频调制技术

C. 时分调制技术　　　　　　　　D. 码分调制技术

二、综合题

1. 高频开关电源系统的主要技术参数有哪些?

2. 当单个整流模块发生故障时,需要对单个整流模块进行切离直流供电系统的操作,一般步骤包括

A. 关闭该整流模块的交流输入开关

B. 根据需要在监控模块上将相应的整流模块退出系统控制

C. 确定需要切离的整流模块退出系统后,剩余整流模块能满足额定负荷供电的需求

D. 将该整流模块拔离整流模块机架

E. 将该整流模块的各种直流输出线、模块监控线拔除

请给出正确的操作顺序。

第7章 蓄电池维护

7.1 相关知识

7.1.1 蓄电池概述

在通信供电系统中,蓄电池是在交流电源出现故障时向通信设备提供直流电源供应的重要保障,是整个通信供电系统中的最后一道屏障,同时也是引发通信电源事故的重要器件。

把物质的化学能转变为电能的设备,称为化学电池,一般简称电池。以酸性水溶液为电解质的电池称为酸蓄电池,以碱性水溶液为电解质的电池称为碱电池。因为酸蓄电池的电极以铅及其氧化物为材料,故又称为铅酸蓄电池。自发明后,铅酸蓄电池在化学电源中一直占有绝对优势,其价格低廉、原材料易于获得,使用上有充分的可靠性,适用于大电流放电及广泛的环境温度范围。20 世纪 90 年代后,通信行业大量地使用阀控铅酸蓄电池作为后备电源,使得阀控铅酸蓄电池在电源产品中占有重要的地位。阀控铅酸蓄电池如图 7-1 所示。

图 7-1 阀控铅酸蓄电池

通信局(站)蓄电池采用负极接地,蓄电池组－48 V采用正极接地,原因是减少由继电器或电缆金属外皮绝缘不良产生的电蚀作用导致的继电器和电缆金属外皮的损坏。因为在电蚀时,金属离子在化学反应下是由正极向负极移动的,继电器线圈和铁芯之间绝缘不良,就有小电流 i 流过,电池组负极接地时,线圈的导线有可能蚀断。反之,如电池组正极接地,虽然铁芯也会受到电蚀,但线圈的导线不会腐蚀,铁芯的质量较大,不会招致可察觉的后果。正极接地也可以使外线电缆的芯线在绝缘不良时免受腐蚀。

蓄电池型号的含义如图 7-2 所示。

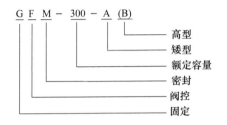

图 7-2　阀控铅酸蓄电池型号

7.1.2　阀控铅酸蓄电池的定义和作用

阀控铅酸蓄电池的英文名称为 Valve Regulated Lead Acid Battery (简称 VRLA 电池),其基本特点是使用期间不用加酸加水维护,电池为密封结构,不会漏酸,也不会排酸雾,电池盖子上设有单向排气阀(也叫安全阀),该阀的作用是当电池内部的气体量超过一定值(通常用气压值表示),即当电池内部的气压升高到一定值时,排气阀自动打开,排出气体,然后自动关闭,防止水分蒸发。

蓄电池的定义、
作用和特点

阀控铅酸蓄电池是通信电源系统中,交流不间断电源(UPS)系统和直流电源系统的重要组成部分。当市电异常或整流器不工作时,则由蓄电池单独供电,担负起对全部负载供电的任务,起到备用电源的作用;在市电正常时,蓄电池不担负向通信设备供电的任务,但它与整流器并联运行,能改善整流器的供电质量,起到平滑滤波的作用。由于蓄电池电压稳定,安全方便,不受市电突然中断的影响,是安全可靠的直流电源,因此,它一直在通信系统中得到十分广泛的应用。阀控铅酸蓄电池(以下简称蓄电池)的作用如下。

1. 荷电待用

蓄电池在通信电源中主要用于直流供电系统和 UPS 系统,是其不可缺少的重要组成部分。蓄电池在通信电源系统中主要作为储能设备,当外部交流供电突然中断时,蓄电池作为系统供电的后备保护,将担负起对全部负载供电的任务,从而保证通信设备的正常工作。在 UPS 系统中,蓄电池一般可提供 0.5～1 h 的不间断供电,以维持正常的通信;在直流供电系统中,蓄电池可提供 1～20 h 或更长时间的不间断供电。因此,蓄电池作为通信电源系统供电的最后一道保障，亦是维持正常通信的最后一道屏障。

2. 平滑滤波

在直流供电系统中，整流器的输出电压仍存在纹波及多种谐波电压，由于蓄电池对低频谐波电流呈现极小的内阻（仅为数十毫欧），而与之关联的负载内阻远大于电池内阻，所以蓄电池对整流器输出的纹波电压具有旁路作用，即平滑滤波作用，能改善整流器的供电质量。

3. 调节系统电压

目前，大多数通信设备的工作电压范围较宽，无须采用调压装置。20世纪80年代以前，在通信直流供电系统中常采用电池组加尾电池的方式，以起到对交流电源中断后的直流电压进行调整的作用，保证在交流电源中断后，解决少数通信设备的最低允许直流供电电压偏高的问题。

4. 在动力设备中做启动电源

中小型发电机组均采用蓄电池做启动电源。

阀控铅酸蓄电池的特点如下。

（1）电池荷电出厂，安装时不需要辅助设备。

（2）具有免维护功能，无须加水、调整酸比重等维护工作。

（3）电池寿命长，25 ℃下浮充状态可使用10年以上。

（4）不漏液、无酸雾、不腐蚀设备，可以和通信设备安装在同一空间。

（5）化学稳定性好，加上密封阀的配置，蓄电池可以在不同方位安装。

（6）体积小、重量轻、自放电低。

7.1.3 通信电源系统对蓄电池的要求

蓄电池是保障通信电源系统不间断供电的核心设备，通信电源系统对供电质量的要求决定了其对蓄电池的要求。

1. 使用寿命长

从投资的经济性考虑，蓄电池的使用寿命必须与通信电源系统的更新周期相匹配，即10年左右。

2. 安全性高

蓄电池的电解质为硫酸溶液，具有强腐蚀性。另外，对于密封电池，电池的电化学过程会产生气体，增加电池内部的压力，当压力超过一定限度时会造成电池爆裂，释放出有毒、腐蚀性气体和液体，因此电池必须具备特殊的安全防爆性能。

3. 其他要求

蓄电池还必须具备安装方便、免维护、低内阻等特性。

7.1.4 阀控铅酸蓄电池结构

阀控铅酸蓄电池的基本结构如图 7-3 所示,它由极板、隔板、电解液、安全阀、电池槽及盖等部分组成。正负极板均采用涂浆式极板(活性材料涂在特制的铅钙合金骨架上),这种极板具有很强的耐酸性、很好的导电性和较长的寿命,自放电速率也较小。隔板由超细玻璃纤维制成,全部电解液注入极板和隔板中,电池内没有流动的电解液,即使外壳破裂,电池也能正常工作。电池顶部装有安全阀,当电池内部的气压达到一定数值时,安全阀自动开启,排出气体;当电池内的气压低于一定数值时,安全阀自动关闭。蓄电池顶盖上还备有内装陶瓷过滤器的气塞,它可以防止酸雾从蓄电池中逸出。

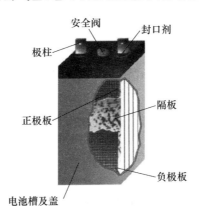

图 7-3 阀控铅酸蓄电池的结构

在阀控铅酸蓄电池中,电解液全部吸附在隔板和极板中,负极的活性物质(海绵状铅)在潮湿条件下活性很强,能与氧气快速反应。充电过程中,正极板产生的氧气通过隔板扩散到负极板,与负极的活性物质快速反应,化合成水。因此,在整个使用过程中,不需要加水加酸。

1. 极板

极板又称电极,有正、负极板之分,它们是由活性物质和板栅两部分构成的。正、负极的活性物质分别是棕褐色的二氧化铅(PbO_2)和灰色的海绵状铅(Pb)。极板在电池中的作用为:发生电化学反应,实现化学能与电能之间的转换。

板栅在极板中的作用有两个:其一,做活性物质的载体,因为活性物质呈粉末状,必须有板栅做载体才能成形;其二,实现极板传导电流的作用,即依靠其栅格将电极上产生的电流传送到外电路,或将外加电源传入的电流传递给极板上的活性物质。

为了有效地保住活性物质,常常将板栅造成具有不同截面积的横、竖筋条的栅栏状,使活性物质固定在栅栏中,并具有较大的接触面积。将若干片正(负)极板在极耳部焊接成正(负)极板组,以增大蓄电池的容量,极板片数越多,蓄电池的容量越大。通常负极板组的极板比正极板组的极板要多一片,组装时,正负极板交错排列,使每片正极板都夹在两片负极板之间,目的是使正极板两面均匀地起电化学反应,产生相同的膨胀和收缩,减少极板弯曲的机会,以延长电池的寿命。

2. 电解液

阀控铅酸蓄电池的电解液是由纯度在化学纯以上的浓硫酸和纯水配置而成的稀硫酸溶液。电解液除了与极板上的活性物质起电化学反应外,还能起离子导电作用,其浓度用 15 ℃时的密度来表示。

蓄电池结构

3. 隔板

隔板也称为隔膜,其作用是防止正、负极因直接接触而短路,同时,隔板要允许电解液中的离子顺利地通过;组装时应将隔板置于正负极板之间。

4. 电池槽及盖

电池槽的作用是用来盛装电解液、极板、隔板和附件等。电池盖上有正负极柱、排气装置、注液孔等。普通型启动用铅酸蓄电池的排气装置设置在注液孔盖上;防酸隔爆式铅酸蓄电池的排气装置为防酸隔爆帽;阀控铅酸蓄电池的排气装置是一单向排气阀。

5. 安全阀

安全阀是阀控铅酸蓄电池的一个关键部件,安全阀质量的好坏直接影响电池的使用寿命、均匀性和安全性。安全阀的作用为:当电池中积聚的气体的压力达到安全阀的开启压力时,阀门打开排出多余气体,降低电池内压。安全阀为单向排气,即不允许空气中的气体进入电池内部,以免引起电池的自放电。

6. 附件

(1)支撑物

普通阀控铅酸蓄电池内的铅弹簧或塑料弹簧等支撑物,起防止极板在使用过程中发生弯曲变形的作用。

(2)连接物

连接物又称连接条,是用来将同一电池内的同极性极板连接成极板组,或者将同型号电池连接成电池组的金属铅条,起连接和导电的作用。单体电池间的连接条可以设在电池盖上面,也可以采用穿壁内连接方式连接电池,后者可使电池的外观整洁、美观。

(3)绝缘物

在安装和固定阀控铅酸蓄电池组时,为了防止蓄电池漏电,在蓄电池和电池架之间以及电池架和地面之间要放置绝缘物,绝缘物一般为玻璃或瓷质(表面上釉)的绝缘垫脚。为使电池平稳,还需加软橡胶垫圈。这些绝缘物应经常清洗,保持清洁,以免引起漏电。

7.1.5　阀控铅酸蓄电池的基本原理

1. 化学反应原理

阀控铅酸蓄电池的化学反应原理就是充电时将电能转化为化学能在电池内储存起来,放电时将化学能转化为电能供给外系统。阀控铅酸蓄电池的充电和放电过程是通过化学反应完成的,化学反应式如下。

正极:

$$PbSO_4 + 2H_2O \xrightleftharpoons[\text{放电}]{\text{充电}} PbO_2 + H_2SO_4 + 2H^+ + 2e^-$$

$$副反应 \quad H_2O \xrightarrow{\text{充电}} \frac{1}{2}O_2 + 2H^+ + 2e^-$$

负极:

$$PbSO_4 + 2H^+ + 2e^- \xrightleftharpoons[\text{放电}]{\text{充电}} Pb + H_2SO_4$$

$$副反应 \quad 2H^+ + 2e^- \xrightarrow{\text{充电}} H_2$$

阀控铅酸蓄电池在放电时,正负极的活性物质均变成硫酸铅($PbSO_4$),充电后活性物质恢复到原来的状态,即正极转变成二氧化铅(PbO_2),负极转变成海绵状铅(Pb)。在阀控铅酸蓄电池内部,正极和负极通过电解液构成电池的内部电路,在电池外部,接通两极的导线和负荷构成电池的外部电路,如图 7-4 所示。

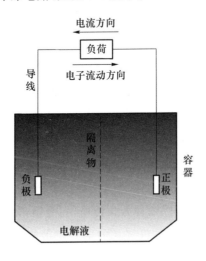

图 7-4　蓄电池化学反应原理

在电极和电解液的接触面有电极电位产生,不同的两极活性物质产生不同的电极电位,有较高电位的电极叫作正极,有较低电位的电极叫作负极,这样正负极之间就产生电位差。当外电路接通时,有电流从正极经外电路流向负极,再由负极经内电路流向正极;电池向外电路输送电流的过程,叫作电池的放电。

在放电过程中,两极活性物质逐渐被消耗,负极活性物质放出电子被氧化,正极活性物质吸收从外电路流回的电子被还原,这样负极电位逐渐升高,正极电位逐渐降低,两极间的电位差也就逐渐降低,而且,由于电化学反应形成的新化合物增加了电池的内阻,使电池的输出电流逐渐减少,直至不能满足使用要求,或外电路两电极之间的电压低于一定的限度时,电池放电即告终。

蓄电池放电以后,用外来直流电源将适当的反向电流注入电池,可以使已形成的新化合物还原成原来的活性物质,使得电池又能放电,这种注入反向电流使活性物质还原的过程叫作充电。

2. 氧循环原理

阀控铅酸蓄电池采用负极活性物质过量设计,采用 AGM 或 GEL 电解液吸附系统,正极在充电后期产生的氧气通过 AGM 或 GEL 空隙扩散到负极,与负极的海绵状铅发生反应变成水,使负极处于去极化状态或充电不足状态,达不到析氢过电位,所以负极不会由于充电而析出氢气,且电池失水量很小,故使用期间无须加酸加水维护。

阀控铅酸蓄电池的氧循环原理如图 7-5 所示。

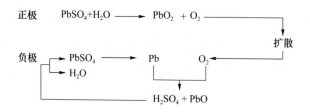

图 7-5 阀控铅酸蓄电池氧循环原理

从图 7-5 中可以看出,在阀控铅酸蓄电池中,负极起着双重作用,即在充电末期或过充电时,一方面,极板中的海绵状铅与正极产生化学反应被氧化成一氧化铅;另一方面,极板中的硫酸铅要接受外电路传输来的电子,进行还原反应,由硫酸铅生成海绵状铅。

在电池内部,若要使氧的复合反应能够进行,必须使氧气从正极扩散到负极。氧的移动过程越容易,氧循环就越容易建立。

在阀控铅酸蓄电池内部,氧以两种方式传输:一是溶解在电解液中的方式,即通过在液相中的扩散,到达负极表面;二是以气相的形式扩散到负极表面。传统的富液式电池中,氧的传输只能依赖于氧在正极区的 H_2SO_4 溶液中溶解,然后在液相中扩散到负极。

如果氧以气相在电极间直接通过开放的通道移动,那么氧的迁移速率就比单靠在液相中扩散大得多。充电末期正极析出氧气,在正极附近有轻微的过压,而负极的化合反应吸收了氧,产生一轻微的真空,于是正、负极间的压差将推动气相氧经过电极间的气体通道向负极移动。阀控铅蓄电池的设计提供了这种通道,从而使电池在浮充所要求的电压范围内工作,而不损失水。

7.1.6　阀控铅酸蓄电池充放电特性

阀控铅酸蓄电池以一定的电流充、放电时,其端电压的变化如图 7-6 所示。

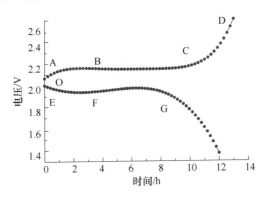

图 7-6　蓄电池 10 小时率充放电特性

1. 放电中的电压变化

电池在放电之前,活性物质微孔中的硫酸浓度与极板外主体溶液的浓度相同,电池的开路电压与此浓度相对应。放电一开始,活性物质表面处(包括孔内表面)的硫酸被消耗,硫酸浓度立即下降,而硫酸由主体溶液向电极表面的扩散是缓慢的过程,所消耗的硫酸不能立即被补偿,故活性物质表面处的硫酸浓度继续下降,而决定电极电势数值的正是活性物质表面处的硫酸浓度,因此电池的端电压明显下降,见图 7-6 曲线 OE 段。

随着活性物质表面处硫酸浓度的继续下降,该处的硫酸浓度与主体溶液之间的浓度差加大,促进了硫酸向电极表面的扩散,于是活性物质表面和微孔内的硫酸得到补充。当电池以一定的电流放电时,在某一段时间内,单位时间消耗的硫酸大部分可由扩散的硫酸补充,所以活性物质表面处的硫酸浓度变化缓慢,电池端电压比较稳定。但是由于硫酸被消耗,整体的硫酸浓度下降,又由于放电过程中活性物质的消耗,其作用面积不断减少,真实电流密度不断增加,过电位也不断增大,故放电电压随着时间缓慢地下降,见图 7-6 曲线 EFG 段。

随着放电的继续进行,正、负极活性物质逐渐转变为硫酸铅,并向活性物质深处扩展。硫酸铅的生成使活性物质的孔隙率降低,增加了硫酸向微孔内部扩散的难度,硫酸铅的导电性不良,电池内阻增加,这些因素最终导致在放电曲线的 G 点(1.85 V 左右)后电池的端电压急剧下降,达到所规定的放电终止电压。

2. 充电中的电压变化

在充电开始时，由于硫酸铅转化为二氧化铅和铅，有硫酸生成，因而活性物质表面的硫酸浓度迅速增大，电池的端电压沿着 OA 急剧上升。当达到 A 点后，由于扩散，活性物质表面及微孔内的硫酸浓度不再急剧上升，端电压的上升就较为缓慢（ABC 段）。活性物质逐渐从硫酸铅转化为二氧化铅和铅，活性物质的孔隙也逐渐扩大，孔隙率增加。随着充电的进行，逐渐接近电化学反应的终点，即充电曲线的 C 点（2.35 V 左右）。到达 C 点以后，继续充电将产生大量气体。当极板上所存的硫酸铅不多，通过硫酸铅的溶解提供电化学氧化和还原所需的 Pb^{2+} 极度缺乏时，反应的难度增加，当这种难度相当于水分解的难度时，则在充入电量为 70% 时开始析氧，即发生副反应 $2H_2O \rightarrow O_2 + 4H^+ + 4e^-$，充电曲线上的端电压明显增加。当充入电量达到 90% 以后，负极上的副反应，即析氢过程发生，这时电池的端电压达到 D 点，两极上大量析出气体，进行水的电解过程，端电压又达到一个新的稳定值，其数值取决于氢和氧的过电位，正常情况下该恒定值约为 2.6 V。

7.1.7 阀控铅酸蓄电池主要性能参数

阀控铅酸蓄电池的性能用下列参数量度：电动势、开路电压、工作电压、容量、电池内阻、能量、储存性能、循环寿命（浮充寿命、充放电循环寿命）等。

1. 电动势、开路电压、工作电压

当蓄电池用导体在外部接通时，正极和负极的电化学反应自发地进行，当电池中电能与化学能的转化达到平衡时，正极的平衡电极电势与负极平衡电极电势的差值，便是电池的电动势，它在数值上等于达到稳定值时的开路电压。电动势与单位电量的乘积，表示单位电量所能做的最大电功。

电池在开路状态下的端电压称为开路电压。电池的开路电压等于电池的正极电极电势与负极电极电势之差。

电池的工作电压是指电池有电流通过（闭路）时的端电压。电池放电初始的工作电压称为初始电压。电池在接通负载后，由于欧姆电阻和极化过电位的存在，电池的工作电压低于开路电压。

2. 容量

电池容量是指电池储存电量的数量，以符号 C 表示，常用的单位为安培小时，简称安时（A·h）或毫安时（mA·h）。

电池的容量可以分为额定容量（标称容量）和实际容量。

（1）额定容量

额定容量是电池在规定的 25 ℃环境温度下，以 10 小时率电流放电，应该放出的最低限度的电量（A·h）。

① 放电率

针对蓄电池放电电流的大小,放电率分为时间率和电流率。

放电时间率指在一定的放电条件下,电池放电至放电终了电压的时间长短。依据 IEC 标准,放电时间率有 20,10,5,3,1,0.5 小时率及分钟率,分别表示为:20 Hr,10 Hr, 5 Hr, 3 Hr,2 Hr,1 Hr,0.5 Hr 等。

放电电流率指在规定时间内蓄电池放出其额定容量时所输出的电流值。

② 放电终止电压

蓄电池以一定的放电率在 25 ℃ 环境温度下放电至能反复充电使用的最低电压称为 放电终止电压。规定:大多数固定型电池以 10 Hr 放电时(环境温度为 25 ℃),终止电压 为 1.8 V/只。终止电压值视放电率和需要而定。通常,为使电池安全运行,小于 10 Hr 的小电流放电,终止电压取值稍高,大于 10 Hr 的大电流放电,终止电压取值稍低。在通 信电源系统中,蓄电池放电的终止电压由通信设备对基础电压的要求而定。

放电电流率是为了比较额定容量不同的蓄电池放电电流的大小而设立的,通常以 10 小时率电流为标准,用 I_{10} 表示,3 小时率及 1 小时率放电电流则分别以 I_3,I_1 表示。

③ 额定容量

蓄电池在 25 ℃ 环境下,以 10 小时率电流放电至终止电压所能达到的容量称为额定 容量。10 小时率额定容量用 C_{10} 表示。10 小时率的电流值为

$$I_{10} = \frac{C_{10}}{10} = 0.1 C_{10}$$

其他小时率下的额定容量表示方法如下。

3 小时率额定容量(A·h)用 C_3 表示,在 25 ℃ 环境温度下,实测容量(A·h)是放电 电流与放电时间(h)的乘积,阀控铅酸固定型电池的 C_3 和 I_3 值应为

$$C_3 = 0.75 C_{10} (A \cdot h)$$
$$I_3 = 2.5 I_{10} (h)$$

1 小时率额定容量(A·h)用 C_1 表示,实测 C_1 和 I_1 值应为

$$C_1 = 0.55 C_{10} (A \cdot h)$$
$$I_1 = 5.5 I_{10} (h)$$

(2)实际容量

实际容量是指电池在一定条件下所能输出的电量,它等于放电电流与放电时间的乘 积,单位为 A·h。

3. 电池内阻

电池内阻包括欧姆内阻和极化内阻。内阻的存在,使电池放电时的端电压低于电池 的电动势和开路电压,使电池充电时的端电压高于电动势和开路电压。电池的内阻不是 常数,在充放电过程中随着时间不断变化,欧姆内阻遵循欧姆定律;极化内阻随电流密度

的增加而增大,但不是线性关系,其常随电流密度对数的增大而线性增大。

4. 循环寿命

蓄电池经历一次充电和放电,称为一次循环(一个周期)。在一定的放电条件下,电池工作至某一容量的规定值之前所能承受的循环次数,称为循环寿命。

蓄电池的循环寿命各有差异,传统固定型铅酸电池约为 500~600 次,起动型铅酸电池约为 300~500 次,阀控密封铅酸电池约为 1 000~1 200 次。影响循环寿命的因素,一是厂家产品的性能,二是维护工作的质量。固定型铅电池用寿命,还可以用浮充寿命(年)来衡量,阀控式密封铅酸电池浮充寿命在 10 年以上。

5. 能量

能量是指在一定的放电制度下,蓄电池所能给出的电能,通常用瓦时(W·h)表示。

电池的能量分为理论能量和实际能量。理论能量 $W_{理}$ 可用理论容量和电动势(E)的乘积表示,即

$$W_{理} = C_{理} E$$

电池的实际能量为一定放电条件下的实际容量 $C_{实}$ 与平均工作电压 $U_{平}$ 的乘积,即

$$W_{实} = C_{实} U_{平}$$

6. 储存性能

蓄电池在储存期间,由于电池内存在杂质,如正电性的金属离子,这些杂质可与负极的活性物质组成微电池,导致负极金属溶解和氢气的析出。又如溶液中及从正极板栅溶解的杂质,若其标准电极电位介于正极和负极的标准电极电位之间,则会被正极氧化,又会被负极还原。所以,有害杂质的存在使正极和负极的活性物质逐渐被消耗,从而造成电池容量丧失,这种现象称为自放电。

7.1.8 影响阀控铅酸蓄电池容量的因素

1. 放电率对电池容量的影响

阀控铅酸蓄电池的容量随放电倍率的增大而降低,在谈到容量时,必须指明放电的时率(时间率)或倍率。

蓄电池容量
影响因素

(1)容量与放电时率的关系

对于一给定电池,在不同时率下放电,将有不同的容量,表 7-1 为华达 GFM1000 电池在常温下不同放电时率放电时的额定容量。

表 7-1 不同放电时率放电时的额定容量

放电时率/Hr	1	2	3	4	5	8	10	12	24
额定容量/(A·h)	550	656	750	788	850	952	1 000	1044	1128

（2）高倍率放电时容量下降的原因

放电倍率越高，放电电流密度越大，电流在电极上的分布越不均匀，电流优先分布在离主体电解液最近的表面上，从而在电极的最外表面优先生成 $PbSO_4$。$PbSO_4$ 的体积比 PbO_2 和 Pb 大，于是放电产物 $PbSO_4$ 堵塞多孔电极的孔口，使电解液不能充分地供应电极内部反应的需要，电极内部物质不能得到充分的利用，因而高倍率放电时电池的容量降低。

（3）放电电流与容量的关系

在大电流放电时，活性物质沿厚度方向的作用深度有限，电流越大其作用深度越小，活性物质被利用的程度越低，电池给出的容量也就越小。当电极在低电流密度下放电，即 $i \leqslant 100 \text{ A/m}^2$ 时，活性物质的作用深度为 $3 \times 10^{-3} \sim 5 \times 10^{-3}$ m，这时多孔电极的内部表面可得到充分的利用。而当电极在高电流密度下放电，即 $i \geqslant 200 \text{ A/m}^2$ 时，活性物质的作用深度急剧下降，约为 0.12×10^{-3} m，活性物质的深处很少得到利用，这时扩散成为限制容量的决定因素。

在大电流放电时，由于极化和内阻的存在，电池的端电压降低，电压降损失增加，使电池的端电压下降快，也影响容量。

2．温度对电池容量的影响

温度对电池的容量影响较大。随着环境温度的降低，电池容量减小。环境温度变化 1 ℃时的电池容量变化称为容量的温度系数。

根据国家标准，如环境温度不是 25 ℃，则需将实测容量按以下公式换算成 25 ℃基准温度时的实际容量 C_e，其值应符合标准。

$$C_e = \frac{C_t}{1 + K(t - 25)}$$

式中，t 是放电时的环境温度（单位为℃）；K 是温度系数，10 Hr 的容量实验时 $K = 0.006/\text{℃}$，3 Hr 的容量实验时 $K = 0.008/\text{℃}$，1 Hr 的容量实验时 $K = 0.01/\text{℃}$。

3．阀控铅酸蓄电池容量的计算

阀控铅酸蓄电池的实际容量与放电制度（放电率、温度、终止电压）和电池的结构有关。如果电池以恒定电流放电，放电至规定的终止电压，则电池的实际容量 $C =$ 放电电流 $\times$ 放电时间，单位是 A·h。

7.1.9　阀控铅酸蓄电池的失效模式

蓄电池失效模式

1．干涸

阀控铅酸蓄电池中排出氢气、氧气、水蒸气、酸雾，是电池失水的方式和干涸的原因。干涸造成电池失效,是阀控铅酸蓄电池所特有的。电池失水的原因有 4 个:(1)气体再化合的效率低;(2)从电池壳体中渗出水;(3)板栅腐蚀消耗水;(4)自放电损失水。

2. 容量过早损失

阀控铅酸蓄电池中使用了低锑或无锑的板栅合金,早期容量损失常易在如下条件下发生:

(1) 不适宜的循环条件,如连续高速率放电、深放电、充电开始时的低电流密度;

(2) 缺乏特殊添加剂,如 Sb、Sn、H_3PO_4;

(3) 低速率放电时活性物质利用率高、电解液高度过剩、极板过薄等;

(4) 活性物质的视密度过低,装配压力过低等。

3. 热失控

大多数电池体系都存在发热问题,阀控铅酸蓄电池发热的可能性更大,这是由于氧再化合过程使电池内产生了较多的热量,以及排出的气体量小,减少了热的消散。

若阀控铅酸蓄电池的工作环境温度过高,或充电设备电压失控,则电池的充电量会增加过快,电池内部温度随之增加,电池散热不佳,从而产生过热,电池内阻下降,充电电流进一步升高,导致内阻降低。如此反复,形成恶性循环,直到热失控使电池壳体严重变形、胀裂。为杜绝热失控的发生,要采取相应的措施:

(1) 充电设备应有温度补偿功能或限流功能;

(2) 严格控制安全阀质量,以使电池内部气体正常排出;

(3) 蓄电池要设置在通风良好的位置,并控制电池温度。

4. 负极不可逆硫酸盐化

正常条件下,蓄电池在放电时形成硫酸铅结晶,在充电时能较容易地还原为铅。如果电池的使用和维护不当,例如经常充电不足或过放电,负极就会逐渐形成一种粗大坚硬的硫酸铅,它几乎不溶解,用常规方法充电很难使它转化为活性物质,从而减少了电池的容量,甚至成为蓄电池寿命终止的原因,这种现象称为极板的不可逆硫酸盐化。

为了防止负极发生不可逆硫酸盐化,必须对蓄电池及时充电,不可过放电。

5. 板栅腐蚀与伸长

在铅酸蓄电池中,正极板栅比负极板栅厚,原因之一是在充电时,特别是在过充电时,正极板栅要遭到腐蚀,逐渐被氧化成二氧化铅,而失去板栅的作用,为补偿其腐蚀量必须加粗、加厚正极板栅。

所以,在实际运行过程中,一定要根据环境温度选择合适的浮充电压,浮充电压过高,除了引起水损失加速外,也会引起正极板栅腐蚀加速。当合金板栅发生腐蚀时,产生应力,致使极板变形、伸长,从而使极板边缘间或极板与汇流排顶部短路;而且阀控铅酸蓄电池的寿命取决于正极板寿命,其设计寿命是按正极板栅合金的腐蚀速率进行计算的,正极板栅被腐蚀的越多,电池的剩余容量就越少,电池寿命就越短。

7.2　典型工作任务

7.2.1　蓄电池的使用

1. 蓄电池容量选择

阀控铅酸蓄电池的额定容量是 10 小时率放电容量。电池放电电流过大,则达不到额定容量。因此,应根据设备负载、电压大小等因素来选择合适的电池容量。蓄电池总容量应按《通信电源设备安装设计规范》(YD5040—97)中的规定配置,计算如下:

$$Q \geqslant \frac{KIT}{\eta\left[1+\alpha(t-25)\right]}$$

式中,Q 为蓄电池容量(A・h);K 为安全系数,取 1.25;I 为负荷电流(A);T 为放电小时数(h);η 为放电容量系数;t 为电池所在地的最低环境温度,所在地有采暖设备时,按 15 ℃考虑,无采暖设备时,按 5 ℃考虑;α 为电池温度系数(1/ ℃)。当放电小时率≥10 时,取 $\alpha=0.006$;当 10>放电小时率≥1 时,取 $\alpha=0.008$;当放电小时率<1 时,取 $\alpha=0.01$。

2. 阀控铅酸蓄电池的安装

阀控铅酸蓄电池有高形和矮形两种设计,高形设计的电池体积(高度)大、重量大、浓差极化大,影响电池性能,最好卧式放置。矮形电池可立放,也可卧放工作。当机房承重满足要求时,立式安装的蓄电池在条件允许的情况下应尽可能采用单层双列安装。底层应距地面 15 cm 以上,两层蓄电池之间要保留 25～40 cm 的维护空间。卧式安装的蓄电池单体间应保留 5 cm 以上的空间。蓄电池和电池架之间应加装绝缘胶垫,进行防护处理。

阀控铅酸蓄电池的大电流放电性能特别重要。除电池本身外,连接方式和连接导线的电压降对于蓄电池的大电流放电性能也很重要。1 000 A・h 以上的大电流大部分用 500～1 000 A・h 并联而成,连接线使用多,要贯彻"多串少并,先串后并"的原则。根据电缆长度、电缆单位面积载流量标准、直流供电回路的全程压降小于 3 V 的原则确定连接导线的截面积,由此选取对应的电力电缆。

阀控铅酸蓄电池的安装注意事项具体如下。

(1) 阀控铅酸蓄电池安装时,同一组电池应为同一厂家、同一批次,严禁不同规格、不同厂家、不同批次、不同容量的电池及新旧电池混装。

（2）连接螺丝必须拧紧,连接处脏污和松散会引起电池打火爆炸,因此要仔细检查。

（3）安装末端连接线和导通电池系统前,应检查系统的总电压和极性连接,严禁将同一支或同一组串联电池的正负极短接,否则会引起电池短路,释放出大量的能量,造成人体及设备的损害。

（4）电池组在完成安装前,至少留下一断点,避免形成回路,在检查确认后再闭合断点完成安装。

（5）由于电池组电压较高,存在着电击的危险,因此装卸、连接时应使用绝缘工具并做好防护。

（6）安装应选择通风、干燥、阴凉的环境,远离高温、易燃、潮湿环境,并做好防火措施。

（7）电池温度过高会导致电池变形、损坏及电解液溢出,电池要远离热源和易产生火花的地方;要避免阳光直射。

（8）在搬运电池的过程中,应始终保持电极向上,禁止倒置、倾斜。

（9）电池安装、操作前,为确保安全,应摘下手腕上的手表、手链、手镯、戒指等含有金属的物体。

3. 运行充电

（1）补充充电与容量试验

阀控铅酸蓄电池是荷电出厂,由于自放电等原因,投入运行前要做补充充电和一次容量试验。补充充电应按厂家的使用说明书进行,各生产厂并不完全一致。

补充充电有限流限压和恒压限流两种方法。

① 限流限压(恒流恒压)充电,即先限定电流,将充电电流限制在 $0.25 C_{10}$ 以下(一般用 $0.1 C_{10} \sim 0.2 C_{10}$)充电,待电池的端电压上升到 $2.35 \sim 2.40$ V 时,立即以 $2.35 \sim 2.40$ V 电压为限定改为限压连续充电,当充电电流降到 $0.006 C_{10}$ 以下 3 小时不变时,即认为充足电(充电完毕)。

② 恒压限流充电是指在 $2.30 \sim 2.35$ V 的电压下充电,同时充电电流不超过 $0.25 C_{10}$,直到充电电流降到 $0.006 C_{10}$ 以下 3 小时不变,就认为电池充足。补充充电后,进行一次 10 小时率容量检查。

（2）浮充充电

阀控铅酸蓄电池的工作方式主要是浮充工作制。浮充工作制是在使用中将蓄电池组和整流器设备并接在负载回路,作为支持负载工作的唯一后备电源。浮充工作制的特点是,电池组平时并不放电,负载的电流全部由整流器供给。

蓄电池组在浮充工作制中有两个主要作用:①当市电中断或整流器发生故障时,蓄电池组即可担负起对负载单独供电的任务,以确保通信不中断;②起平滑滤波作用,电池组与电容器一样,具有充放电作用,因而对交流成分有旁路作用,这样,送至负载的脉动成分减少,从而保证了负载设备对电压的要求。

浮充电压的选择原则如下。

① 浮充电流足以补偿电池的自放电损失。

② 当蓄电池放电后,能依靠浮充电很快地补充损失的电量,以备下一次放电。

③ 在该充电电压下,电池极板生成的 PbO_2 较为致密,可以保护板栅不被很快腐蚀。

④ 尽量减少 O_2 与 H_2 析出,并减少负极盐化。

⑤ 浮充电压的选择还要考虑其他的影响因素,如电解液浓度和板栅合金。

根据浮充电压的选择原则与各种因素对浮充电压的影响,一般选择浮充电压的范围为 2.23~2.27 V。一般厂家选择浮充电压为 2.25 V/只(环境温度为 25 ℃ 的情况下)。根据环境温度的变化,可对浮充电压做相应的调整。

浮充电压要进行温度补偿。通常浮充电压是对于环境温度 25 ℃ 而言,所以当环境温度变化时,应按温度系数进行补偿,调整浮充电压。不同厂家所生产的电池的温度补偿系数不一样,在设置充电机的电池参数时,应根据说明书上的规定设置温度补偿系数,如说明书没有写明,应向电池生产厂家咨询确定。如某公司电池的温度补偿系数为－3 mV/℃。

(3) 均充的作用及均充电压和频率

当电池的浮充电压偏低或电池放电后需要再充电或电池组的容量不足时,需要对电池组进行均衡充电。合适的均充电压和均充频率是保证电池长寿命的基础,但是对阀控铅酸蓄电池平时不建议均充,因为均充可能造成电池失水而早期失效。均充电压与环境温度有关。一般单体电池在 25 ℃ 环境温度下的均充电压为 2.35 V 或 2.30 V,如温度发生变化,应及时调整均充电压。均充电压的温度补偿系数为－5 mV/℃。

一般均充频率的设置应为:电池全浮充运行半年,按规定电压均充一次,时间为 12 小时或 24 小时。

4. 蓄电池使用的一般要求

(1) 阀控铅酸蓄电池和防酸式铅酸蓄电池禁止混合使用在同一个供电系统中。

(2) 直流供电系统的蓄电池一般设置两组。交流不间断电源(UPS)的蓄电池组每台一般设一组。当容量不足时可并联,蓄电池最多的并联组数不要超过 4 组。

(3) 不同厂家、不同容量、不同型号、不同时期的蓄电池组严禁并联在同一直流供电系统中使用。

(4) 新旧程度不同的电池不应在同一直流供电系统中混用。

(5) 阀控铅酸蓄电池和防酸式铅酸蓄电池不应安放在无通风换气的同一房间内。

(6) 如具备动力及环境集中监控系统,应通过动力及环境集中监控系统对电池组的总电压、电流、标示电池的单体电压、温度进行监测,并定期对蓄电池组进行检测。通过电池监测装置了解电池的充放电曲线及性能,发现故障及时处理。

5. 蓄电池运行环境的一般要求

(1) 安装阀控铅酸蓄电池的机房,温度不宜超过 28 ℃,建议环境温度应保持在 10～25 ℃之间;相对湿度应保持在 20％～80％之间。

(2) 蓄电池的使用环境应保持干燥、清洁、通风,不能有大量放射线、腐蚀性气体,要有良好的遮光措施。

(3) 蓄电池组间、蓄电池组与其他设备之间应留有充足的维护通道,宽度不小于 500 mm。

(4) UPS 等使用的高电压电池组的维护通道应铺设绝缘胶垫。

(5) 对于密闭的蓄电池室,应采取相应的通风措施,确保蓄电池产生的酸气及时排出。

(6) 蓄电池组的抗震加固应满足有关要求。

7.2.2　蓄电池维护项目

1. 维护检查

阀控铅酸蓄电池并不是"免维护"电池,电池的变化是一个渐进和积累的过程,要经常保持蓄电池外表及工作环境的清洁、干燥;蓄电池的清扫应采用避免产生静电的方法,如用湿布进行清扫;禁止使用香蕉水、汽油、酒精等有机溶剂接触蓄电池。

为了保证电池的使用性能良好,做好运行记录是相当重要的,要记录的项目如下:

(1) 端电压;

(2) 连接处有无松动、腐蚀现象;

(3) 电池壳体有无渗漏和变形;

(4) 极柱、安全阀周围是否有酸雾(酸液)逸出(溢出);

(5) 定期对开关电源的电池管理参数进行检查,保证电池的参数符合要求。

2. 补充充电

阀控铅酸蓄电池组遇有下列情况之一时应进行补充充电:(1) 浮充电压有两只以上低于 2.18 V/只;(2) 搁置不用时间超过 3 个月。

3. 蓄电池容量试验

(1) 核对性试验

通信电源维护中规定了由蓄电池组向实际通信设备进行单独供电,以考查蓄电池是否满足忙时最大平均负荷的需要,这种放电制度称为核对性放电。具体方法是:在忙时最大负荷情况下,人为使整流器下调浮充电压或停电,让蓄电池单独向通信设备供电,实际负荷需要的电量全部由蓄电池组承担,放电至该条件(温度、放电率)下蓄电池的终止电压时,核算其输出容量。由于核对性放电前并不能确切地知道蓄电池的保证容量,所以通常情况下放电终了对于保障通信安全风险太大,一般要求放出额定容量的 30%～40% 即停止放电。

在市电可靠的局(站)内,蓄电池组的输出容量满足实际负荷 0.5～1 h 供电即可,因此电池以较高的放电速率进行放电。在市电不可靠的局(站)内,电池组容量的选择比较大,所以其放电都是以较小的速率进行的。要注意的是,电池组对小负荷供电时,其放电过程中的极化作用很小,过电位变化缓慢,因此放电过程的端电压变化甚微,所以不能用放电终了时端电压的变化来表征电池容量,只能通过监测实际放电量了解一般情况。

需要特别指出的是,核对性放电试验,除了能检查蓄电池的容量是否满足忙时最大平均负荷的需要外,还有检查直流放电回路是否正常的功能,如电池的熔丝温升是否正常,连接条是否接触可靠,电池的电流测量回路是否正常等。所以说,核对性放电试验是电池维护工作中最关键的内容。

(2) 容量试验

蓄电池的容量试验有以下几种方法。

① 降低浮充电压法

浮充整流器上有一"放电"开关,当开关置于"放电"位置时,整流器的浮充电压自动从 54 V 降至 48 V,这时蓄电池的电压也立即从 54 V 降到 51.8 V(蓄电池的电动势约为 2.16 V/只),然后从 51.8 V 降至 48 V,此时可以从随机监测电压下降曲线上比较有无落后电池。

② 在线放电法

调整浮充电压设置或关闭所有的整流器,用实际负载设备做负载,使电池马上从浮充状态转入放电状态,随后观察并记录某电池的放电电压、电流(一般可以选择 1 小时或 2 小时放电时间),以放电总电压不低于 45.6 V 为准,随后通过各个电池的随机监测电压的变化来判断有无落后电池,且可通过放电电流乘以放电时间来计算大约的放电容量,并以此推断某电池组的性能是否良好。

③ 假负载放电法

将在用的某电池组单独取出一组使其脱离浮充工作状态,并接上各种形式的负载电阻作为放电时的假负载,然后可选择 10 小时率的放电电流(或 3 小时率、1 小时率的放电电流)放电,并记录电池的电压、温度等,最后以 1.8 V(10 小时率)作为终止电压,随后通过计算可以算出某电池组的实际容量是多少。(1小时率放电终止电压为1.75 V/只。)

（3）全在线蓄电池充放电维护系统

全在线蓄电池充放电维护系统(如图7-7所示)是一种集在线充放电系统、在线单体充电系统、电池组单体检测系统(无线蓝牙技术)于一身的智能化系统,它能够有效地解决目前中心机房－48 V蓄电池及UPS蓄电池维护困难的问题,提高维护效率,降低劳动强度,保障网络安全运行。

图7-7 全在线蓄电池充放电维护系统

全在线蓄电池充放电维护系统的特点如下。

（1）在被测电池组的正极无缝串联FBI设备后,被测电池组可完全在线对系统进行深度放电,然后又被完全在线充电恢复。

（2）整个在线充放电过程中,并联的另一组电池始终处于满充备用状态。

（3）被测电池组充放电过程中,如果遇到市电中断现象,则系统上连接的所有电池组(包括被测电池组)可瞬间投入供电工作,最大限度地保护系统的安全。

（4）被测电池组的能量完全被工作利用,没有能量的浪费,也就没有任何发热情况出现。

（5）多重硬件和软件保护设计,即使设备发生故障,也不影响被测电池组的正常对外工作。

（6）设备操作高度智能化,可完全实现无人值守,现场所有的测试、记录、恢复以及断电应急处置工作全部由FBI设备自动处理。

（7）采用彩色液晶触摸屏,同一屏幕显示充放电测试的全部参数,可查看所有单体电压的变化轨迹图。

（8）具有无线单体电压监测模块状态智能识别程序,模块脱落而非单体门限到达,不会造成意外停机。

（9）具有放电参数预设功能,可预先设置参数并保存,放电时直接调用,内置电池放电系数表,不同小时率自动计算放电电流。

4．维护检查项目

蓄电池的维护检查项目如表 7-2 所示。

表 7-2 蓄电池维护检查项目

项 目	内 容	基 准	维 护
蓄电池组浮充总电压	测量蓄电池组正负极的端电压	单体电池浮充电压×电池个数	将偏离值调整到基准值
蓄电池外观	检查电池壳、盖有无漏液、鼓胀及损伤	外观正常	外观异常先确认其原因，若影响正常使用则加以更换
	检查有无灰尘污渍	外观清洁	用湿布清扫灰尘污渍
	检查机柜、架子、连接线、端子等处有无生锈	无锈迹	出现锈迹则进行除锈、更换连接线、涂拭防锈剂等处理
连接部位	检查螺栓、螺母有无松动	连接牢固	拧紧松动的螺栓、螺母
直流供电切换	切断交流电，切换为直流供电	交流供电顺利切换为直流供电	纠正可能偏差
每个蓄电池的浮充电压	测量蓄电池组每个电池的端电压	温度补偿后的浮充电压值±50 mV	超过基准值时，对蓄电池组放电后先均衡充电，再转浮充观察 1~2 个月，若仍偏离基准值，与地区技术支援联系
核对性放电试验	断开交流电带负载放电，放出蓄电池额定容量的 30%~40%	放电结束时，蓄电池的电压应大于 1.95 V/单格	低于基准值时，对蓄电池组放电后先均衡充电，再转浮充观察 1~2 个月，若仍偏离基准值，与地区技术支援联系

5．蓄电池日常维护步骤

（1）闻

进入电池间首先闻闻房间内有无异常的酸味，然后打开大门通风 5 分钟，释放房间内的有害气体。有排风扇的要保证其能正常运转。

（2）看

看电池间有无杂物；查看电池上方及周围有无金属物件可能影响到电池的安全；用手电筒检查电池每个单体周围有无鼓胀和漏液现象。

注：如果有漏液则电池表面会出现结晶体。

（3）擦

用干净软布擦拭电池表面，尤其是电池接缝、安全阀、出线端子，在擦拭的过程中要注意再次检查有无漏液的现象。

（4）测

① 测量电池组总电压；测量每只单体电池的电压。

注:在电池表面要用记号笔明确标明电池的序号,防止下次测量时发生编号误差。

② 测量电池表面温度。用红外线测温仪检查每只电池的表面温度,如果发现有个体温度偏差要立即查明原因。

注:正常情况下电池单体的温度应该一致,如果出现偏差则极有可能是电池内阻发生变化导致,这种情况非常危险,要及时处理。

③ 测量电池的浮充电流。浮充电流数值可从开关电源的监控面板上读出,同时也可用钳形电流表在电池组的输出线上进行测量,当发现电流过大时(正常情况下应该很小,只有几个 A),应查明故障,及时处理。

注:当电池内部发生故障,例如漏液时,电池的浮充电流将发生明显的变化,这种情况非常危险,要及时处理。

④ 测量电池缸体上的固定螺丝对地电压。

注:正常情况下不会有电压,当出现电压时,往往代表电池出现漏液,会引起对地燃烧,需要及时处理。

7.2.3 蓄电池测试

(1) 检查电池组的固定、外观及其单元连接条。目测检查蓄电池组表面是否清洁无灰尘,电池外观有无破损、漏液、腐蚀痕迹,地面是否清洁无酸渍。使用木柄毛刷清除灰尘,地脚螺丝使用扳手拧紧。使用红外测温仪测连接头温度,如图 7-8 所示。检查连接处的温度是否上升,连接是否可靠。

图 7-8　红外测温仪测连接头温度

手摇检查各单体电池之间的连接条以及所有输出电缆、接地线、接线端子是否连接牢固,松动时用经过绝缘处理的扳手稍用力紧固。

(2) 检查蓄电池的正负极连接头,检查极柱、连接条有无氧化或腐蚀现象,如有且情况严重,应作清洁及降阻处理。如蓄电池出现损伤、变形和漏液(图 7-9),应使用同品牌、同型号的单体蓄电池进行更换。

图 7-9　蓄电池漏液

（3）测量电池组的电压（如图 7-10 所示）。使用万用表直流挡分别测量电池组的总电压及每个单体电池的电压，并做好记录。单体电池的浮充电压要求范围为 2.23～2.28 V，端电压平均值±0.05 V；电池组的浮充电压为－54～－54.5 V（－48 V 系统）。如发现不符合要求的蓄电池应及时处理。

图 7-10　蓄电池端电压测量

（4）测量电池馈电母线的压降。使用万用表进行测量，调至"直流"挡位，在电池放电的前提下，分别测量电池端总电压及直流电源系统电池接入端的电压，两者相减即为所需压降。两组电池的馈电母线压降差值不得过大。

（5）测量单体电池连接条的压降。使用万用表进行测量，调至"直流"挡位，在电池放电的前提下，测量两个相邻的单体电池之间连接线的电压降，测量时表笔要接触电池的输出端子，测试值即为压降值。

（6）核对性容量试验。对已经使用 3 年以上的蓄电池，用蓄电池容量测试仪对其进行深度容量试验，每两年一次，每次放出电池容量的 60%～70%。

7.2.4　蓄电池更换和故障处理

1. 更换判据

如果蓄电池的电压在放出其额定容量的 80%（对照相应放电率的容量如 C_{10}、C_3 等参数)之前已低于1.8 V/单格(1小时率放电为1.75 V/单格),则应考虑对其加以更换。

2. 更换时间

蓄电池属于消耗品,有一定的寿命周期。综合考虑使用条件等因素的影响,在蓄电池达到设计使用寿命之前,用新电池予以更换,以充分保证电源系统安全、正常地运行。

3. 故障处理

蓄电池的常见故障处理见表7-3。

表7-3 蓄电池常见故障处理

故障现象	故障原因	解决方法
蓄电池组电压放电下降快,充电上升快	(1) 经常过放电,$PbSO_4$深入活性物质内部,极板硫化,堵塞活性物质孔隙,使正常充电反应无法进行,只进行水的电解	更换电池组
	(2) 长期浮充,不对其充电、放电,使充电状活性物质长期得不到恢复	核对性放电测试
	(3) 没有定期均衡充电,长期充电不足	对电池进行均衡充电
	(4) 长期过充电	调整均浮充和限流值
停电后,电池组不能放电,立即阻断	(1) 电池组出现开路	紧固连接铜排、电缆接线端子紧固螺丝
	(2) 电池组有落后、损坏或反极的单体电池	更换落后、损坏或反极的单体电池
蓄电池有漏液	(1) 均浮充电压设定不合理	(1) 调整均浮充电压
	(2) 机房温度过高	(2) 检查空调运行情况

7.2.5 磷酸铁锂电池维护

在通信行业,磷酸铁锂电池应用广泛,其使用于小型化、分散化、环境恶劣的场景,可作为铅酸电池的有效补充。已有的磷酸铁锂电池产品,容量主要为10~50 A·h,供电系统为−48 V直流供电系统和UPS交流供电系统,应用场景包括户外、楼道、弱电井等,供电设备包括末端传输设备、直放站设备、RRU等。

1. 磷酸铁锂电池构造

(1) 正极

在磷酸铁锂电池中,正极物质以磷酸铁锂($LiFePO_4$)为主要原料。

(2) 负极

负极活性物质是由碳材料与黏合剂的混合物再加上有机溶剂调和制成的糊状物质,涂覆在铜基体上,呈薄层状分布。

（3）隔膜板

隔膜板又称为隔板或隔离膜片,起关闭或阻断通道的作用,一般为聚乙烯或聚丙烯材料的微多孔膜。

（4）PTC 元件

在磷酸铁锂电池的盖帽内部,当内部温度上升到一定的数值或电流增大到一定的控制值时,PTC 能起到温度保险丝和过流保险的作用,会自动拉断或断开,从而形成内部断路,保证电池的安全使用。

（5）安全阀

为了确保磷酸铁锂电池的使用安全性,一般通过外部电路进行控制或者在磷酸铁锂电池内部设置异常电流切断的安全装置。安全阀实际上是一次性非修复式的破裂膜,一旦进入工作状态,就能保护蓄电池,使其停止工作,该方式是对蓄电池最后的保护手段。

2. 磷酸铁锂电池特性

① 寿命超长。磷酸铁锂电池的循环寿命达 2 000 次以上。

② 使用安全。磷酸铁锂电池即使在最恶劣的交通事故中也不会产生爆炸。

③ 可大电流充放电。磷酸铁锂电池可大电流快速充放电。

④ 耐高温。磷酸铁锂电池的热峰值可达 $350\sim500\ ℃$。

⑤ 磷酸铁锂电池还具有高能量密度、无记忆效应、绿色环保等优点。

3. 磷酸铁锂电池维护项目

磷酸铁锂电池的维护检查项目见表 7-4。

表 7-4　磷酸铁锂电池维护检查项目

序　号	项　目
1	通过监控远程检查电池的电芯电压、容量是否正常,电池的工作环境温度是否正常,BMS 的各项管理功能是否正常
2	现场清洁设备,清洁通风散热通道,保证无积尘
3	检查告警功能,检查接线是否良好,检查开关、接触器件是否可靠接触,检查指示灯状态是否正常
4	现场检查电池组浮充电压是否正常
5	断开交流电,检查电池组是否能正常放电,并读取放电状态数据及负载电流大小
6	放电后,合上交流电,检查电池组能否正常充电,并读取充电状态数据及充电电流大小
7	校准系统电压、电流值

习 题

一、选择题

1. 1 000 A·h 的蓄电池,以 10 小时率电流放电时,电流是(   )A。

A. 50   B. 100   C. 150   D. 200

2. 2 V/只的蓄电池组均充电压应根据厂家技术说明书进行设定,标准环境下设定 12 h 充电时间的蓄电池组的均充电压在(   )V/只之间为宜。

A. 2.23～2.25   B. 2.35～2.40   C. 2.30～2.35   D. 2.20～2.25

3. 阀控密封铅酸蓄电池负极板上的活性物质为(   )。

A. 二氧化铅   B. 硫酸铅   C. 绒状铅   D. 硫酸

4. 阀控密封铅酸蓄电池正极板上的活性物质为(   )。

A. 二氧化铅   B. 硫酸铅   C. 绒状铅   D. 硫酸

5. 关于电池放电终止电压的说法正确的是(   )。

A. 终止电压与放电电流无关

B. 小电流放电时终止电压低

C. 小电流放电时终止电压高

6. 下列关于同一直流系统中不同品牌蓄电池混用的说法,正确的是(   )。

A. 不允许混用   B. 可以串联使用

C. 可以并联使用   D. 可以串联、并联使用

7. 蓄电池的使用寿命是指(   )。

A. 蓄电池的实际使用时间

B. 在一定放电率情况下,进行充放电循环的总次数

C. 仅指充放电的循环总次数

D. 蓄电池内的电池液体的使用寿命

8. 蓄电池容量的大小随放电率的不同而不同,一般规定(   )小时率放电率容量为蓄电池的额定容量。

A. 5   B. 8   C. 10   D. 24

9. 电池寿命终止的标志是使用容量低于(   )。

A. 50%   B. 60%   C. 70%   D. 80%

10. 密封电池需经常检查的项目有(   )。

A. 端电压

B. 连接处有无松动、腐蚀现象

C. 电池壳体有无渗漏和变形

D. 极柱、安全阀周围是否有酸雾(酸液)逸出(溢出)

11. 电池容量常用(　　　)表示,单位是(　　　)。

A. C 安培　　　　　B. I 安时　　　　　C. C 安时

12. 10 小时率的放电测试,电池的终止电压是(　　　)。

A. 1.75 V　　　　　B. 1.80 V　　　　　C. 1.70 V

13. 48 V 系统的浮充总电压是(　　　)。

A. 48 V　　　　　B. 56.4 V　　　　　C. 54 V

14. 蓄电池是直流供电系统供电不中断的基础设备,根据蓄电池连接的方式,直流供电方式主要采用(　　　)。

A. 串联浮充供电方式　　　　　　B. 并联浮充供电方式

C. 串联均充供电方式　　　　　　D. 并联均充供电方式

15. 影响蓄电池使用寿命的主要因素是(　　　)。

A. 温度　　　　　B. 放电时间　　　　　C. 循环次数　　　　　D. 浮充电压

16. 单体电池鼓肚的原因是(　　　)。

A. 热失控

B. 电池充电时充电电流过大

C. 温度过高

D. 电池短路

E. 安全阀坏

17. 开关电源监控充放电过程中发现两组蓄电池电流不一致(偏流),那么电流小的蓄电池组可能存在的情况是(　　　)。

A. 连接系统不紧固

B. 有落后单体电池在该组

C. 整组电池容量不足

D. 不是单体原因

E. 没有问题

18. 电池运行均充的目的是(　　　)。

A. 确保电池容量饱和度

B. 防止电池的极板钝化

C. 预防落后电池的出现

D. 使较深部位的活性物质得到充分还原

二、填空题

1. 阀控密封铅酸蓄电池在现场的工作方式主要有(　　　)工作方式与(　　　)工作

方式。

2. 阀控密封铅酸蓄电池的基本结构由(　　　)、隔板、(　　　)、安全阀、电池槽及盖等部分组成。

3. 阀控密封铅酸蓄电池的正极板上活性物质为(　　　),负极板上活性物质为绒状的铅,电解液是(　　　)。

三、判断题

1. 电池组如果始终以 2.4 V 的浮充电压进行永久性充电,电池将在 18 个月至 2 年内失效。(　　　)

2. 一般蓄电池的正负极板片数一样多。(　　　)

3. 在根据充电电流大小完成均浮充转换的开关电源系统中,电池组退出均充的条件是连续 3 小时充电电流小于 5 mA/(A·h)。(　　　)

4. 放电倍率越高(放电电流大),电池的容量越大。(　　　)

5. 在 25 ℃环境温度下 LSE 系列单体电池的浮充电压为 2.23 V。(　　　)

四、综合题

1. 简述阀控铅酸蓄电池的结构和各部分的作用。

2. 影响阀控铅酸蓄电池容量的因素有哪些?

3. 简述阀控铅酸蓄电池的基本原理。

4. 简述阀控铅酸蓄电池的失效模式。

第8章 直流配电系统维护

8.1 相关知识

8.1.1 直流电源供电方式

直流电源供电方式主要分为集中供电和分散供电两种。集中供电方式正逐步被分散供电方式取代。

1. 集中供电方式

集中供电方式是将包括交流配电屏、整流器,直流配电屏和蓄电池组等电源设备集中安装在电力室和蓄电池室的供电方式,如图 8-1 所示。

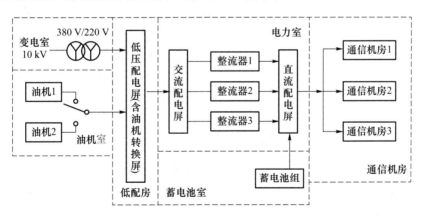

图 8-1　集中供电方式系统方框图

集中供电方式将电源设备集中在电力室,便于维护人员进行集中维护。但是,随着现代通信网对通信电源供电系统的可靠性提出的要求更高,集中供电方式已经不能适应通信网的要求,而被分散供电方式取代。一般来说,集中供电方式存在以下缺点。

(1) 供电系统可靠性差。在集中供电系统中,由于担负着全局通信设备的供电任务,如果其中的某部分设备出现故障,影响范围将会很大,甚至造成通信全阻。

(2) 在集中供电系统中,电源设备到通信设备采用低压直流传输,距离较长,从而造成直流馈电线路的压降过大,线路能耗大等后果。另外,过长的馈电回路还会影响电源及电路的稳定性。

(3) 各种通信设备对电压的允许范围不一致,而集中供电量由同一直流电源提供,严重影响了通信设备的使用性能,同时还会使系统的电磁兼容性(EMC)变差。

(4) 集中供电系统需按终期容量进行设计。集中供电系统在扩容或更换设备时,往往由于设计时的容量跟不上通信发展的速度而需要改建机房,因此造成很大的浪费。

(5) 集中供电系统需要达到技术要求的专用电力室和电池室。集中供电系统需要符合技术规范的电力室和电池室,基建投资和满足相关技术规范的装备投资都很大。

(6) 需要 24 小时专人值班维护,维护成本很高。

2. 分散供电方式

分散供电方式是指直流电源设备独立于其他电源供电设备,即直流设备与通信负载分散设置的供电方式。分散供电方式系统方框图如图 8-2 所示。

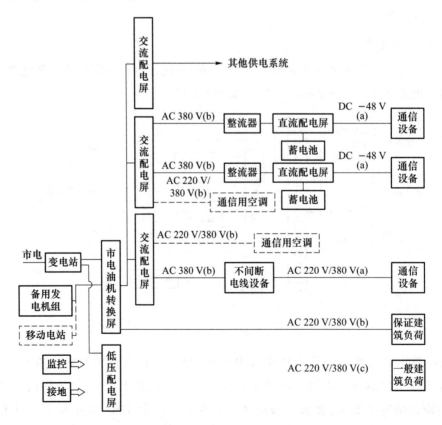

图 8-2 分散供电方式系统方框图

分散供电系统中,同一通信局(站)原则上应设置一个总的交流供电系统,并由此分别向各直流供电系统提供低压交流电。交流配电屏与高频开关整流器等配套而分散设置。分散供电方式实际上是指直流供电系统采用分散供电方式,而交流供电系统基本上仍然是集中供电。

分散供电方式的优点如下。

(1) 供电可靠性高。由于采用多个直流配电系统,因而故障影响范围小,即全局通信瘫痪的概率相对较小。

(2) 节能、降耗。由于分散供电,直流电源设备、蓄电池与通信设备距离较近,故直流馈电线的压降极小,大幅度地减少了直流供电系统的损耗。从电力室到各通信机房可采用交流市电供电,线路损耗很小,可以大大地提高送电效益。

(3) 运行维护费用低。由于电源设备不需要一开始就按终期容量配置,机动灵活,有利于扩容,加之巡视工作量少,所以运行维护费用少。

总之,分散供电方式将大型通信枢纽或高层通信局(站)设备分为几部分,每一部分由容量适当的电源设备供电,不仅能充分发挥电源设备的功能,还能大大地减小电源设备故障的影响,同时,还能大量地节约能源。因此,通信大楼大都采用分散供电方式。

8.1.2　直流供电系统配电方式

1. 低阻配电方式

传统的直流供电系统,利用汇流排把基础电源直接馈送到通信机房的直流电源架或通信设备机架,因汇流排电阻很小,故这种配电方式称为低阻配电方式(如图 8-3 所示)。如图 8-3(b)所示,假设 R_{L1} 发生短路(用 S_1 合上代表短路),则当 F_1 熔断前,AO 之间的电压将跌落到极低(约为 AB 间阻抗与电池内阻 R_r 之比,F_1 电阻很小,故电压接近 0),而且短路电流很大(基本上由电池电压及电池内阻决定)。在 F_1 熔断时,短路电流大,使得 di/dt 也很大,在 AB 两点的等效电感上产生的感应电势(Ldi/dt)会形成很大的尖峰,因此 AO 之间的电压将首先降到接近 0,而后产生一个尖峰高电压,波形如图 8-3(c)所示。这些都会对接在同一汇流排上的其他通信设备产生影响。

2. 高阻配电方式

图 8-4 所示是在低阻配电系统基础上发展起来的高阻配电系统的原理图。高阻配电方式选择线径相对小的配电导线,相当于在各分路中接入有一定阻值的限流电阻 R_1,R_1 一般取值为电池内阻的 $5 \sim 10$ 倍。这时,如果某一分路发生短路,则系统电压的变化——电压跌落及反冲尖峰电压都很小,这是因为 R_1 限制了短路电流,而且 Ldi/dt 也减少了。图 8-4(b)是 AO 之间电压变化的示意图。R_1 与电池内阻 R_r 的选配适当,可使

(a)

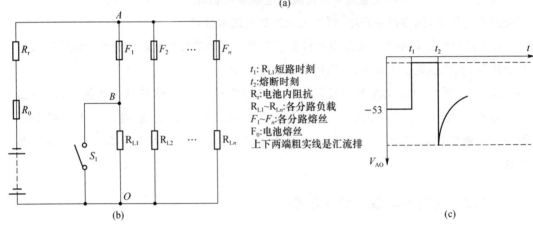

t_1: R_{L1}短路时刻
t_2:熔断时刻
R_r:电池内阻抗
R_{L1}~R_{Ln}:各分路负载
F_1~F_n:各分路熔丝
F_0:电池熔丝
上下两端粗实线是汇流排

图 8-3　低阻配电

AO 间的电压变化在电源系统的允差范围内,使系统的其他负载不受影响而正常工作。换而言之,起到了等效隔离的作用。

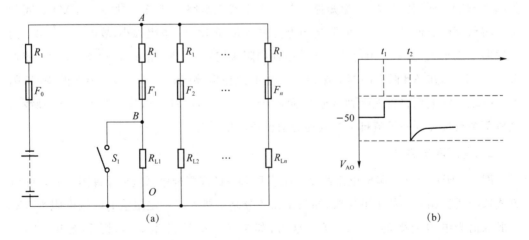

图 8-4　高阻配电

高阻配电方式存在的问题，一是由于回路中有串联电阻，会导致电池放电时不能放到常规终止电压，否则负载电压太低；二是串联电阻上有损耗，一般为 2%～4%。

直流供电系统中，直流配电设备负责汇接直流电源与对应的直流负载，完成直流电的分配、输出电压的调整以及工作方式的转换等，其既要满足负载的要求，又要保证蓄电池能获得补充电流。

并联浮充供电方式的原理如图 8-5 所示。整流器与蓄电池并联后对通信设备供电，在交流电正常的情况下，整流器一方面给通信设备供电，另一方面给蓄电池补充充电，以补充蓄电池因自放电而失去的电量。在并联浮充工作状态下，蓄电池能起到一定的滤波作用。当交流电中断时，蓄电池单独给通信设备供电，放出的电量在整流器恢复工作后通过自动（或手动）转为均充来补足。并联浮充供电方式的优点是：电池寿命长、工作可靠（因电池始终处于充足状态）、供电效率较高。

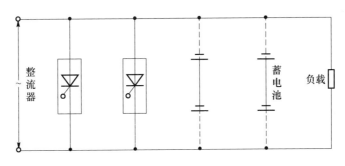

图 8-5　并联浮充供电方式

8.1.3　直流配电系统功能

直流配电系统（如图 8-6 所示）通过连接整流器和蓄电池向负载供电，把集中的直流电分配到各用电设备，而且具有独立的监控单元，能对各种直流参数和状态进行检测和显示。整流器输出通过总汇流排接入屏内，同时能接入二组电池，可以测量电池的充放电电流，可以测量总电流和分路负荷电流，且设有故障告警装置，能够发出声光告警，为直流负荷提供不间断电源。

直流配电系统的功能如下。

1. 测量

测量系统输出总电压，系统总电流，各负载回路用电电流，整流器输出电压电流，各蓄电池组充（放）电电压、电流等，并将测量所得到的值通过一定的方式显示。

2. 告警

当直流供电异常时，直流配电系统能产生告警或保护，提供系统输出电压过高、过低告警，整流器输出电压过高、过低告警，蓄电池组充（放）电电压过高、过低告警，负载回路熔断器熔断告警等。

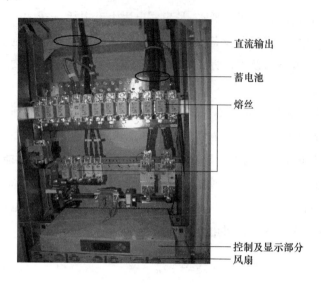

直流输出

蓄电池

熔丝

控制及显示部分
风扇

图 8-6　直流配电系统

3. 保护

在整流器的输出线路、各蓄电池组的输出线路,以及各负载输出回路上都接有相应的熔断器短路保护装置。

4. 二次下电

当电池两端的电压下降到一定值(一般比终止电压高)时,断掉一部分次要负载,只给主要负载供电;当电压下降到终止电压时,则将主要负载也断掉,实现对蓄电池的保护,这种两级断开负载的动作过程即为二次下电。二次下电的好处是在保证蓄电池不过放电的同时,可以给重要设备提供更长时间的供电。先进的直流配电系统的二次下电功能非常灵活,可以随意调节一、二次下电的电压,并且可以设置成不做二次下电和低电压保护,优先保障通信。

8.1.4 典型直流配电屏原理

DPZ26 系列直流配电屏是用于通信的配电设备,它与 DPJ19 系列交流配电屏配套使用,组成直流供电系统。

1. 技术性能

DPZ26 系列直流配电屏的技术指标如下。

额定电压:−48 V

额定输出容量:1 600 A 或 2 500 A

输出分路：500 A 八路、200 A 四路、100 A 五路、50 A 五路、20 A 六路

直流配电屏能接入两组电池，整流器通过总汇流排接入屏内。

在电池回路中装有熔断器，可保护电池，不致因短路而损坏。

直流配电屏的输入正、负汇流排对地分别装有防雷器。

负载总汇流排和电池汇流排上分别装有霍尔电流传感器，主要输出分路汇流条上预留了霍尔电流传感器的安装位置，霍尔电流传感器的输出信号送往电源系统中的监控单元，监控单元可显示负载总电流和电池的充放电电流。

当一台直流配电屏的容量不能满足用户的要求时，可多架并联使用，以扩大整个系统的输出容量。

DPZ26 系列直流配电屏设有信号集中告警装置，当电池熔断器或负载熔断器熔断时能区别"电池"或"负载"故障，发出声光告警，并分别送出告警接点。

2. 结构

PDZ26 系列直流配电屏机架的正面为左、右门，左门上装有"工作""负载"和"电池"指示灯，分别表示正常工作、负载熔丝断和电池熔丝断，左门上还装有告警声停止开关。机架背面为左、右门，侧面可按需要安装侧板。机架顶部装有正、负汇流排和电池排，正、负汇流排的位置与 DUM14 型组合电源一致，可方便地与 DUM14 型电源系统连接或与扩容的直流配电屏并联。屏内下部也装有正汇流排，用来与负载连接，上、下正汇流排之间由汇流排连接。

3. 工作原理

（1）主电路

DPZ26 系列直流配电屏的主电路如图 8-7 所示。

输入：两组电池分别由架顶电池排接入；整流器由架顶正、负汇流排接入。

输出：根据其容量的大小直流电分别从相应的熔断器输出。

（2）信号与测量

① 信号告警电路

当电池的熔丝熔断时，信号熔断器 FU3(3) 或 FU4(4) 的接点 3、4 闭合，使信号集中告警板 AP791(38) 的 4 端接通正电位，驱动继电器 K1，从而 K1 的常开接点 1、3 接通告警回路，使二极管 V2 导通，发出声音告警；同时接通指示灯 HL2(50)，指示电池故障。

当负载的熔丝熔断时，由印制板 AP646 接收来自熔断器 2 端的正电位，由 AP646(36或 37) 的 18 端送出正电位至印制板 AP791 的 11 端，驱动继电器 K2，从而 K2 的常开接点 1、3 接通告警回路，使二极管 V2 导通，发出声音告警，同时接通指示灯 HL3(51)，指示

负载故障。

船形开关 SA(52)用来在维修时停止告警声。

AP791 的 6、5、7 端和 2、22、3 端分别连接到输出端子 XS4(44)的 1、2、3 端和 4、5、6 端,作为"负载故障"和"电池故障"的告警输出接点,供系统告警或监控使用。

② 电压、电流测量

DPZ26 系列直流配电屏的系统电压由 XS4(44)的 7、8 端取样送往 DUM14 监控单元显示。本屏的总负载电流、电池电流分别由霍尔电流传感器 SI3(7)、SI1(5)、SI2(6)取样,送往系统监控单元测量、显示。对 DPZ26Ⅲ型直流配电屏而言,主要分路电流分别由霍尔电流传感器 SI14～SI15 取样,送往系统监控单元测量、显示。

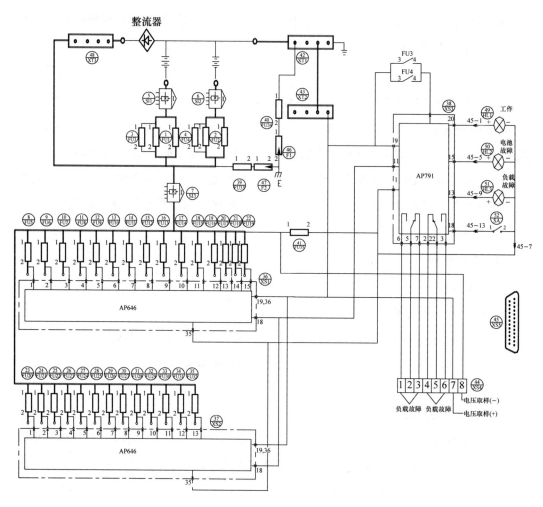

图 8-7 DPZ26 系列直流配电屏主电路

第 8 章 直流配电系统维护

8.2 典型工作任务

8.2.1 直流配电的使用操作

1. 直流负载的接入

由于通信负载运行后一般不允许断电,所以需要带电接入新增负载。首先根据负载大小在直流屏上选定合适的负载熔断器或空气开关的位置;然后加工并布放负载连接电缆,电缆应有编号和极性标记;电缆连接先从负载端开始,连接次序为先接地线,后接一48 V 输出熔断器或空气开关的远电端;最后确认负载端不带载和电缆接线正确,合负载熔断器或空气开关(接线工具要做相应的绝缘处理)。

2. 电池强制脱离与接通(仅对接有电池保护装置的直流系统)

(1)电池强制脱离

① 某组电池强制脱离

用熔丝插拔手柄直接拔掉该组电池的熔丝。

② 两组电池强制脱离

将电池的"自动/手动"开关置于"手动"位置,再将电池的"接通/断开"开关置于"断开"位置即可。这时两组电池仍然并联在一起。如需将两组并联的电池断开,则用熔丝插拔手柄拔掉两组电池的熔丝即可。

(2)电池强制接通

当发生电池保护后,需要强制接通电池对负载供电时,将电池的"自动/手动"开关置于"手动"位置,再将电池的"接通/断开"开关置于"接通"位置即可。

3. 负载强制下电与上电(仅对接有二次下电装置的直流系统)

(1)负载强制下电

负载强制下电,可直接断开空气开关或使用插拔手柄对该路熔丝进行断开操作。如果需要将二次下电(L—LVD)部分的所有负载断开,将负载控制开关置于"手动""断开"位置即可。

(2)负载强制上电

负载强制上电需要将负载控制开关置于"手动""闭合"位置,且对需要上电的负载用插拔手柄将负载熔丝合上。如果需要负载下电功能,应将负载控制开关置于"自动"位置。

在负载发生故障造成短路或者发生电池短路等严重故障,造成熔断器熔断时,只有

175

确认故障消除后,才可进行系统熔芯的更换。因其他原因更换熔断器时,应该确认熔断器所在的负载电路是否允许断电。

8.2.2 直流配电设备测试与维护

1. 直流供电标准

直流供电标准应符合:-48 V 标准电压电源设备受电端子电压的变动范围为$-40\sim-57$ V,供电回路全程最大允许压降不超过 3 V。

2. 温升的测量

供电系统的传输电路和各种器件均有不可消除的等效电阻存在,线路和器件的连接必定会导致接触电阻的产生,这使得电网中的电能有一部分以热能的形式消耗掉,这部分热能将使线路、设备或器件的温度升高。设备或器件的温度与周围环境的温度之差称为温升。供电设备对供电容量的限制,实际上是出于对设备温升的限制。如变压器、开关电源、UPS、开关、熔断器和电缆等,设备一旦过载,温升即超出额定范围,过高的温升会使得变压器的绝缘被破坏,使得开关电源和 UPS 的功率器件烧毁、开关跳闸、熔断器熔断、电缆橡胶护套熔化,继而引起短路、通信中断,甚至造成火灾等严重后果。通过对设备温升的测量和分析,可以判断设备的运行情况。

(1)红外点温仪

红外点温仪是测量温升的仪器。根据被测物体的类型,正确地设置红外线的反射率系数,扣动点温仪测试开关,使红外线打在被测物体表面,便可以从点温仪的液晶屏上读出被测物体的温度。测得的温度与环境温度相减即得设备的温升值。点温仪使用方便,测温速度快,是应用最广泛的一种红外测温仪。在日常维护工作中常通过红外点温仪来测量电缆接头、断路器、电机等处的温升,以判断设备运行的状态,找出异常的地方,消除事故隐患。有些红外点温仪还可设定高温告警值,一旦设备的温度超过设定值,点温仪便会发出声音告警。红外点温仪如图 8-8 所示。

图 8-8　红外点温仪

（2）红外热像仪

红外热像仪（如图 8-9 所示）是一种新型的光电探测设备，它可将被测目标表面的热信息瞬间可视化，快速定位故障，并在软件的帮助下进行具体分析，完成设备的安全检测和预防性维护工作。

图 8-9　红外热像仪

① 使用方法和步骤

第一步，启动或关闭热像仪，按住右侧开关键两秒钟，听到"滴"的提示音即可。

第二步，按照出厂使用说明对热像仪的参数进行初始设置和确认；当热像仪使用一段时间后，可以依据现场的实际情况对参数分别进行调整。

第三步，进行热像仪的主要操作。

（a）对焦。扣动黑色扳机，激光束射出即可完成自动对焦；若有极少数的场合（如圆弧状光亮金属的表面）无法进行激光自动对焦，可旋转镜头处的橡胶旋钮进行手动对焦。应注意：对焦是唯一不能用软件修正的重要操作，在保存热像图前务必确认。

（b）保存热像图。扣动绿色扳机，图像冻结，若需要保存冻结的图像，按照提示保存即可。

② 使用注意事项

（a）被检测设备应尽量避开视线中的封闭遮挡物，如门和盖板等。

（b）环境温度一般不低于 5 ℃，相对湿度一般不大于 85%。

（c）天气以阴天、多云为宜，夜间图像质量为佳。

（d）不应在雷、雨、雾、雪等气象条件下进行检测，检测时风速一般不大于 5 m/s。

（e）户外晴天要避免阳光直接照射或反射进入仪器镜头，在室内或晚上检测时应避开灯光的直射，宜闭灯检测。

（f）检测电气设备最好在高峰负荷下进行，否则，一般应在不低于 30% 的额定负荷下进行，同时应充分考虑小负荷电流对测试结果的影响。

(g)仪器存放应采取防潮措施和干燥措施,使用环境、运输中的冲击和振动应符合厂家技术条件的要求。

(h)仪器应定期进行保养,包括通电检查、电池充放电、存储卡存储处理、镜头的检查等,以保证仪器及附件处于完好状态。

3. 接头压降的测量

由于线路连接处不可避免地存在接触电阻,因此只要线路中有电流,连接处便会产生接头压降。导线连接处的接头压降可用三位半数字万用表测量。将测试表笔紧贴在线路的接头两端,万用表测得的电压值便为接头压降。直流供电回路的接头(直流配电屏以外的接头)压降应符合下列要求,或接头的温升不超过允许值。

接头压降≤3 mV/100 A   (线路电流大于 1 000 A)

接头压降≤5 mV/100 A   (线路电流小于 1 000 A)

通过接头压降的测量可以判断线路连接是否良好,避免接头在大电流通过时温升过高。

4. 直流回路压降的测量

直流回路压降是指蓄电池放电时,蓄电池输出端的电压与直流设备受电端的电压之差。

直流设备有输入电压范围的要求。由于直流设备输入电压的允许变化范围较窄,且直流供电电压值较低(一般为 48 V),特别是蓄电池放电时,从开始放电时的 48 V 到结束放电为止,一般只有 7 V 左右的压差范围,如果直流供电线路上产生过大的压降,那么设备受电端的电压就会变得很低,此时即使电池仍有足够的容量(电压)可供放电,但由于直流回路压降的存在,可能造成设备受电端的电压低于正常工作输入电压的要求,这样就会使直流设备退出服务,造成通信中断。因此,为了保证用电设备得到额定输入范围内的电压值,在额定电压和额定电流的情况下,直流供电系统的回路压降要求小于 3 V。

整个直流供电回路,包括 3 个部分的压降:① 蓄电池组的输出端至直流配电屏的输入端压降;② 直流配电屏的输入端至直流配电屏的输出端压降,并要求不超过 0.5 V;③ 直流配电屏的输出端至用电设备的输入端压降。以上 3 个部分的压降之和应该换算至设计的额定电压及额定电流情况下的压降值,即需要进行恒功率换算,并且要求无论在什么环境温度下,都不应超过 3 V。直流回路压降的测量工具可以选用三位半万用表或直流毫伏表、钳形表,精度要求不低于 1.5 级。

8.2.3 直流配电设备维护标准

直流配电屏应能同时接入两组蓄电池,并满足并联均充、浮充及放电的要求;操作时,必须保证不中断供电;直流配电屏必须具有输出过电压、输出欠电压、输出熔断器(断路器)熔断(跳闸)声光告警装置,并保证有效;直流配电屏应具有蓄电池低电压保护功能,当蓄电池组的放电电压下降到 43.2 V 时,应自动切断电池组供电回路。电源机房至被供电通信设备的直流供电线路必须分级设置保护装置(如熔断器),一般不宜多于 4级。用于直流供电回路的自动空气开关,应采用直流专用开关,不宜用交流开关代替。熔断器(空气开关)额定容量的选取原则如下:直流馈电总熔断器的额定容量应为各分熔断器额定容量的 2 倍;分熔断器的额定容量应为该供电分路实际负载额定容量的1.5 倍。

8.2.4　直流电源线连接端头制作

1. 电源线的成端要求

(1) 电源线、接地线接线铜鼻子型号和线缆直径相符,芯线剪切齐整,不得剪除部分芯线压接。

(2) 电源线、接地线压接牢固,不松动。

(3) 铜鼻子的压接部分应采用相应颜色的热缩套管或绝缘胶带缠绕作为保护,不得将裸线和铜鼻子鼻身露于外部。

(4) 电源线与接线端子连接,用螺丝紧固,接触良好。

(5) 成端后用万用表对线缆进行绝缘测试,并做记录。

2. 标签制作

(1) 每根线缆两端的标签均应贴于距接头 20 mm 处,在并排有多个设备或多条走线时,标签应贴在同一水平线上。

(2) 标签的标识应工整、清晰,并且标注方法要与竣工图纸上的标注一致,内容为电缆对端位置信息,即仅填写标签所在线缆侧的对端设备、控制柜等位置信息。

3. 安全文明施工要求

直流电源线连接端头的制作应做到:安全生产、文明施工;规范使用仪表、器具;操作完成后,打扫卫生。

直流电源线连接端头制作材料清单见表 8-1。

表 8-1　直流电源线连接端头制作材料清单

序　号	名　称	型　号	数　量	单　位	备　注
1	同轴电缆	8 芯	8	条	每条不少于 10 m
2	电源线	16 mm²(红、蓝)	4	条	各两条,每条不少于 10 m
3	电源线	35 mm²(黄、绿)	1	条	不少于 5 m
4	铜鼻子	DT-16(mm²)	10	个	
5	铜鼻子	DT-35(mm²)	3	个	

序 号	名 称	型 号	数 量	单 位	备 注
6	绝缘胶带	黄、绿、红、蓝、黑、白	1	卷	各 1 卷
7	焊锡丝		1	卷	
8	辅助材料	标签纸、扎带、蜡麻线、热缩套管等	1	套	
9	万用表		1	只	
10	工具	斜口钳、剪刀、电烙铁、钩针、扳手、螺丝刀、压线钳、热风枪等工(器)具	1	套	

8.2.5 直流配电屏和电源配线测试项目及周期

直流配电屏和电源配线的测试项目及周期如表 8-2 所示。

表 8-2 直流配电屏和电源配线测试项目及周期

序 号	类 别	项目与内容	周 期
1	每月项目	(1) 各部清扫检查 (2) 输出电压高、低及熔断器告警试验 (3) 自动(手动)加、甩尾电池试验(或加、甩硅降压元件试验) (4) 降压元件温升测试	每月一次
2	每年检查	(1) 维修质量标准测试 (2) 直流负荷电流测试及熔丝容量检查 (3) 直流馈电线压降测试 (4) 负荷电源杂音电压测试 (5) 工作地线检查及接地电阻测量 (6) 硅降压元件压降测试 (7) 强度检查及配线整理 (8) 电缆架(沟)及电源线清扫检查 (9) 仪表检查校对	每年一次
3	重点整修	(1) 更换熔断器、断路器、硅降压元件 (2) 电源配线整理及汇流排(条)涂漆 (3) 更换老化配线 (4) 直流馈电线绝缘测试 (5) 仪表修理 (6) 其他重点整修项目	根据需要

习　　题

一、选择题

1. -48 V 直流电源的全程最大允许压降为（　　）

A. 1 V　　　　　　　B. 2 V　　　　　　C. 3 V　　　　　　D. 4 V

2. 影响导线温度的重要因素是（　　）。

A. 线路电压　　　　B. 线路电流　　　　C. 周围环境温度　　D. 导线材料

3. -48 V 直流供电系统要求全程压降不高于 3.2 V。供电系统的全程压降是指以（　　）为起点,至负载端整个配电回路的压降。

A. 开关电源输出端　　　　　　　　B. 配电回路输出端

C. 列头柜配电回路输出端　　　　　D. 蓄电池输出端

4. 直流供电系统目前广泛采用（　　）供电方式。

A. 串联浮充　　　　B. 并联浮充　　　　C. 混合浮充　　　　D. 其他

5. 1 000 A 以上直流供电回路接头（直流配电屏以外的接头）压降应符合（　　）要求。

A. $\leqslant 2$ mV/100 A　　　　　　B. $\leqslant 3$ mV/100 A

C. $\leqslant 5$ mV/100 A　　　　　　D. $\leqslant 7$ mV/100 A

第9章　不间断电源(UPS)维护

9.1　相关知识

9.1.1　UPS 概述

UPS 是不间断电源(Uninterruptible Power Supply)的英文简称,是能够持续、稳定、不间断地向负载供电的一类重要电源设备,它主要对文件服务器、企业服务器、中心服务器、微机、集线器、电信系统、数据中心、医疗设备、无线市话基站设备及其他交流用电设备进行不间断供电以及提供高质量的交流电。从广义上说,UPS 包含交流不间断电源和直流不间断电源,人们习惯于把交流不间断电源称为 UPS。

UPS 概述

随着计算机的普及和信息处理技术的发展,为了保证计算机的正确运算,保证设备的安全运行,用于通信的 UPS 的规模也在扩大;其重要性逐步提高,已经成为通信电源日常维护的重点。计算机类或其他敏感的先进仪器设备,除要求供电系统具有连续可靠性外,还要求市电供电系统的输出保持良好的正弦波形且不带任何干扰。

目前,我国的市电供电电源质量参数一般为:电压波动±10％,频率 50 Hz±0.5 Hz。有些地区还达不到这个标准。市电电网中接有各式各样的设备,来自外部、内部的各种噪声会对电网造成污染或干扰,甚至使电网污染十分严重。电网污染主要有以下几种:电压浪涌、电压尖峰、电压瞬变、电压噪声、过压、电压跌落、欠压、电源中断等。常见的电力质量问题如图 9-1 所示。

以上污染或干扰对计算机类或其他敏感的先进仪器设备的运行会带来不良影响。如电源中断,可能造成硬件损坏;电压跌落,可能会使硬件提前老化、文件数据受损;过压或欠压、电压浪涌等,可能会损坏驱动器、存储器、逻辑电路,还可能产生不可预料的软件故障;噪声电压和瞬变电压可能损坏逻辑电路和文件数据等。

为了保证计算机类或其他敏感的先进仪器设备的安全运行,以及满足其对供电电源质量的严格要求而发展和普及起来的新型供电系统,即为"不间断电源"或"不停电供电

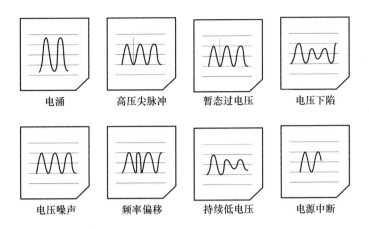

图 9-1 电源质量问题

电源",简称 UPS。UPS 利用蓄电池的储能给设备供电:当市电正常时,将市电转化为化学能储存起来;当市电不正常时,将化学能转化为电能给设备供电。UPS 的功能如图 9-2 所示。

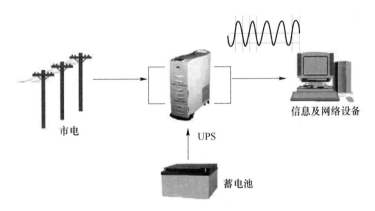

图 9-2 UPS 的功能

UPS 发展初期,仅被视为一种备用电源。后来,由于电压浪涌、欠压甚至电源中断等电源质量问题,计算机等设备的电子系统受到干扰,造成敏感元件受损、信息丢失、磁盘程序被冲掉等严重后果,引起了巨大的经济损失,因此,UPS 才逐渐发展成一种具备稳压、稳频、滤波、抗电磁和射频干扰、防电压浪涌等功能的电力保护系统。

9.1.2 UPS 的组成

从基本应用原理上讲,UPS 是一种含有储能装置,以逆变器为主要元件,稳压、稳频输出电能的电源保护设备。如图 9-3 所示,UPS 主要由整流器、蓄电池组、逆变器、静态开关、锁相环等部分组成。

UPS 的组成

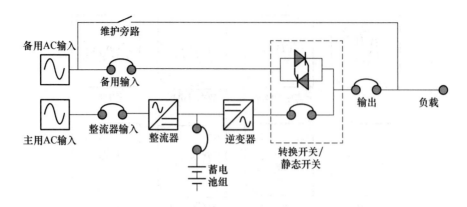

图 9-3   UPS 基本组成

1. 整流器

整流器是一个整流装置,简单地说就是将交流电(AC)转换为直流电(DC)的装置,它有两个主要功能:将交流电(AC)变成直流电(DC),经滤波后供给负载,或者供给逆变器;给蓄电池提供充电电压,因此,它同时又起到充电器的作用。

用于通信的 UPS 中的整流器除了能输出所需直流电压、电流外,还要使 UPS 达到输入功率因数不小于 0.85、输入电流的谐波成分小于 25% 的要求(不同档次的 UPS 有所差别)。因此,单相输入的 UPS 应采用含有源功率因数校正环节的高频开关整流器。

对于三相输入的 UPS,当 UPS 的额定输出功率超过 10 kV·A 时,可采用无源功率因数校正环节的三相桥式不控整流器(采用二极管作为整流原件);额定输出功率在 10～100 kV·A 时,宜采用三相六管高频开关整流器;额定输出功率在 100 kV·A 以上时,通常采用输入端装有 5 次谐波滤波器的 6 脉冲整流器以及输入端装有 11 次谐波滤波器的 12 脉冲整流器。三相六管高频开关整流器技术先进,但其功率容量目前不能做得太大。

2. 蓄电池组

蓄电池组是 UPS 用来储存电能的装置,它由若干个电池串联而成,其容量大小决定了维持放电(供电)的时间。蓄电池组的主要功能是:当市电正常(处于浮充状态)时,由整流器(充电器)给蓄电池组补充充电,将电能转化成化学能储存在电池内部,使之存储的电量充足;当市电异常(停电或超出允许变化的范围)时,将化学能转化成电能,并提供给逆变器或负载。市电恢复正常后,整流器(充电器)对蓄电池进行恒压限流充电,然后自动转为正常浮充状态。

3. 逆变器

逆变器是一种将直流电(DC)转换为交流电(AC)的装置,由逆变桥、控制逻辑和滤波电路组成,也称为 DC/AC 变换器。常用的逆变器按选用的开关器件可分为晶体管逆变器和晶闸管逆变器;按逆变器输出电压的波形,通常可分为方波逆变器和正弦波逆变器。

4. 静态开关

输出转换开关的作用是进行由逆变器向负载供电或由市电向负载供电的自动转换，按照结构分为带触点的开关(如继电器或接触器)和无触点的开关(一般采用晶闸管,即可控硅)两类。无触点开关没有机械动作,因此通常称为静态开关。静态开关(Static Switch)又称静止开关,是用两个可控硅反向并联组成的一种交流开关,其闭合和断开由逻辑控制器控制。静态开关分为转换型和并机型两种:转换型开关主要用于两路电源供电的系统,其作用是实现从一路到另一路电源的自动切换;并机型开关主要用于并联逆变器与市电(或多台逆变器)。静态开关如图 9-4 所示。

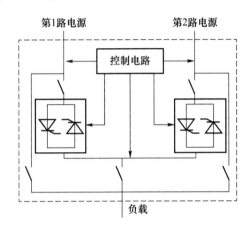

图 9-4　静态开关

5. 锁相环

对于双变换 UPS,当逆变器过载或发生故障时,在市电质量较好的情况下,应能平滑地切换为由市电旁路供电,并应避免切换时在静态开关中产生较大的环流。因此,在市电频率比较稳定时,逆变器输出的正弦波电压应与输入市电的电压同频率并且基本同相位,即逆变器应与市电锁同步。用来使一个交流电源与另一个交流电源保持频率相同、相位差小且相位差恒定的闭环控制电路,称为锁相环。在正弦脉宽调制逆变器中,常设置锁相环来使调制正弦波和三角波的频率分别锁定在电网频率和电网频率的高倍率上。

锁相环由鉴相器、环路滤波器和压控振荡器组成。鉴相器用来鉴别输入信号 U_i 与输出信号 U_o 之间的相位差,并输出误差电压 U_d。U_d 中的噪声和干扰成分被具有低通性质的环路滤波器滤除,形成压控振荡器(VCO)的控制电压 U_c。U_c 作用于压控振荡器的结果,是把它的输出振荡频率 f_o 拉向环路输入信号频率 f_i,当二者相等时,环路被锁定,称为入锁。维持锁定的直流控制电压由鉴相器提供,因此鉴相器的两个输入信号间留有一定的相位差。

9.1.3 UPS 分类

静态 UPS 的基本框图如图 9-5 所示。

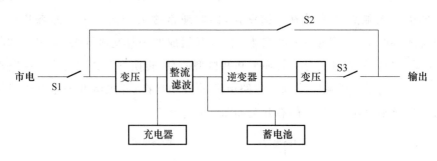

图 9-5 静态 UPS 框图

静态 UPS 的特点如下。

① 当市电中断后,UPS 以蓄电池组作为电源继续向负载供电,依据蓄电池组容量的大小,可以供电 10 分钟至数小时。在此期间,若市电不能恢复,则可以启动柴油发电机代替市电供电。

② 在线互动式 UPS 具有稳压和稳频的功能,还可以降低电源的噪声,改善工作条件。另外,在线互动式 UPS 还能抑制和削弱输入电压波形的下陷、尖峰、浪涌、下跌和消除高次谐波等。目前这种系统的电压稳定度一般小于 1%,频率稳定度一般小于 0.5%,噪声一般小于 80 dB。

③ 不需要固定地基,可移动,工作时没有振动,使用方便,并且有比较完备的保护、报警功能。

由于具有以上特点,所以静态 UPS 技术发展很快,特别是在与大功率晶体管、门极控制开关(GTO)等半导体器件相关的技术快速发展的情况下,UPS 已发展成为晶体管化的、微机控制的现代 UPS。

静态 UPS 从工作方式上可分为 3 类:后备式(OFF-LINE)UPS、双变换 UPS、在线互动式 UPS。

(1) 后备式 UPS

后备式 UPS 的基本结构如图 9-6 所示。

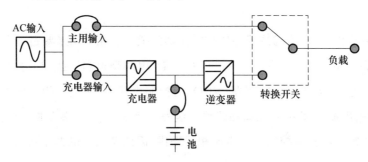

图 9-6 后备式 UPS 结构

后备式 UPS 的工作原理如下。

当输入的交流市电正常时，转换开关自动接通旁路，市电经旁路通道向用电设备供电，充电器对蓄电池补充充电，此时逆变器停机（冷备用）。冷备用 UPS 的旁路通道中通常加装对市电进行简单稳压处理的装置。当市电异常时，逆变器迅速开机，蓄电池对逆变器供电，转换开关自动接通逆变器，由逆变器输出交流电压向用电设备供电。市电异常状态下的后备式 UPS 如图 9-7 所示。

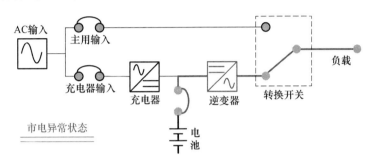

图 9-7　后备式 UPS（市电异常状态）

后备式 UPS 大多数是逆变器只能短时间（10 min 左右）运行的产品，逆变器和蓄电池的容量都小，价格低廉，主要作计算机停电保存数据之用；也有逆变器运行时间稍长的产品。

（2）双变换 UPS

双变换 UPS 的基本结构如图 9-8 所示。

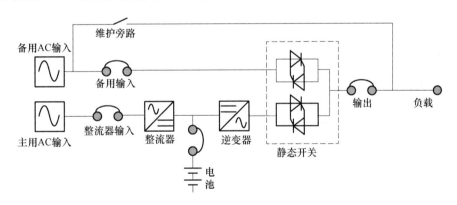

图 9-8　双变换 UPS 结构

双变换 UPS 的工作原理如下。无论市电是否正常，双变换 UPS 均由逆变器经相应的静态开关向负载供电。当市电正常时，整流器向逆变器供给直流电，并由整流器或另设的充电器对蓄电池组补充充电；当市电异常时，蓄电池组放电，向逆变器供给直流电。市电正常状态和异常状态下的双变换 UPS 分别如图 9-9 和图 9-10 所示。

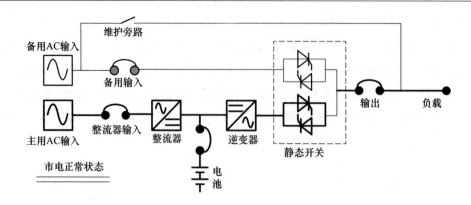

图 9-9　双变换 UPS(市电正常状态)

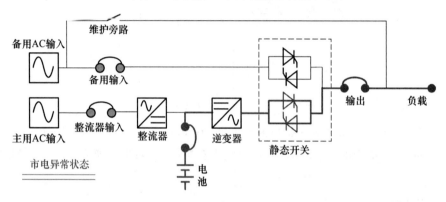

图 9-10　双变换 UPS(市电异常状态)

　　所谓双变换,是指这种 UPS 正常工作时,电能经过 AC/DC、DC/AC 两次变换供给负载。逆变器输出标准正弦波,输出电压、频率稳定。若市电频率不稳定,则逆变器不跟踪市电频率而保持输出频率稳定,可以彻底消除市电的电压波动、频率波动、波形畸变以及来自电网的电磁骚扰对负载的不利影响,供电质量高。逆变器故障状态下的双变换 UPS 如图 9-11 所示。

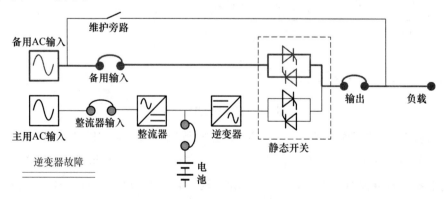

图 9-11　双变换 UPS(逆变器故障)

（3）在线互动式 UPS

在线互动式 UPS 的基本结构如 9-12 所示。

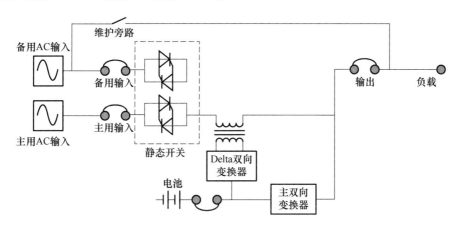

图 9-12　在线互动式 UPS 结构

Delta 变换 UPS 属于在线互动式 UPS 中比较新型的产品,其中的逆变器是双向逆变器,既能将输入的交流电整流为直流电给蓄电池充电,又能将蓄电池的直流电逆变为交流电给负载供电,这两种工作状态在一定条件下能够自动转换。

在线互动式 UPS 的工作原理如下。当市电正常时,UPS 的输出频率为市电频率,输出功率以市电为主,Delta 双向变换器对交流电起补偿调节作用,同时 Delta 双向变换器能在整流状态对蓄电池组补充充电。当市电异常时,由主双向变换器提供全部的输出功率,交流输入侧的静态开关切断电源,防止逆变器反向馈电。当逆变器发生故障时,静态开关迅速切换为由市电旁路供电。

市电正常状态和异常状态下的在线互动式 UPS 如图 9-13 和图 9-14 所示。

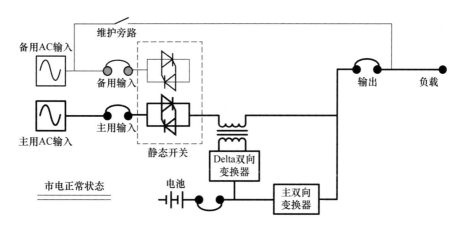

图 9-13　在线互动式 UPS(市电正常状态)

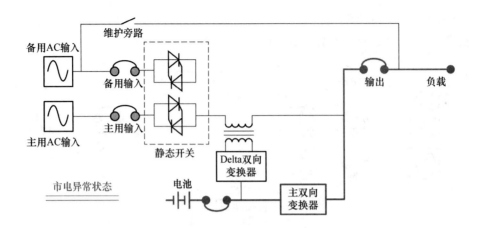

图 9-14　在线互动式 UPS(市电异常状态)

通常根据负载对输出稳定度、切换时间、输出波形的要求来确定选择后备式 UPS、在线互动式 UPS 还是双变换 UPS。在线互动式 UPS 的输出稳定度、瞬间响应能力比另外两种强,其对非线性负载及感性负载的适应能力也较强。另外,如果要使用发电机带短延时 UPS,由于发电机的输出电压和频率波动较大,所以推荐使用在线互动式 UPS。

9.1.4　UPS 指标参数

1. 容量

UPS 的容量一般是指 UPS 可以向负载提供的、可以长期工作的额定功率。用户可以根据设备本身的负载功率去选择对应容量的 UPS。由于负载大部分是非线性的,在选择 UPS 时,最好留 20% 的余量。容量的单位是伏安(V・A),就是输出电流乘输出电压的积,这是因为 UPS 的负载随用电设备的不同而不同,即它们所需的有功功率〔单位为瓦(W)〕和无功功率〔单位为乏(var)〕各不相同,故用了一个笼统的概念。

《通信局(站)电源系统总技术要求》(YD/T 1051-2000)对交流不间断电源(UPS)的容量有以下归类。

① 单相输入单相输出设备容量系列(kV・A):0.5,1,2,3,5,8,10;

② 三相输入单相输出设备容量系列(kV・A):5,8,10,15,20,25,30;

③ 三相输入三相输出设备容量系列(kV・A):10,20,30,50,60,80,100,120,150,200,250,300,400,500,600。

2. 输入指标

(1) 电压额定值:220 V/380 V 交流,主输入电源为三相三线,旁路输入电源为三相四线。

(2) 电压允许变动范围:-15%～+10%,即相电压(220 V)的允许变动范围为

187～242 V，线电压（380 V）的允许变化范围为 323～418 V。

（3）频率额定值：50 Hz。

（4）频率允许变动范围：±4%，即 48～52 Hz。

（5）功率因数（Power Factor）：输入功率因数＞0.9；输入功率因数 λ 为输入有功功率与输入视在功率之比。UPS 输入功率因数的大小只决定于 UPS 的工作方式、整流模式、滤波特性、功率因数补偿电路、控制电路等，而与 UPS 的输出负载无关。在进行输入功率因数的测量时，要求输入、输出均为额定电压和额定频率，负载为额定非线性负载。

（6）电压谐波失真度：≤5%。

（7）功率软启动：10～15 s 内爬升到额定功率。

3. 输出指标

（1）输出电压额定值：220 V/380 V 交流（三相四线）。

（2）输出电压可调范围：±5%。

（3）输出频率额定值：50 Hz。

（4）输出电压精度：稳态±1%，瞬态±5%。

（5）瞬态电压恢复时间（Transient Recovery Time）：在输入电压为额定值，输出接阻性负载，输出电流由零至额定电流和由额定电流至零突变时，输出电压恢复到 213.4～226.6 V 范围内所需要的时间。

（6）输出频率精度：±0.1%（内同步）。

（7）输出频率同步范围：±0.1 Hz，±1 Hz，±1.5 Hz，±2 Hz 可调。

（8）输出频率调节速率：0.1～1 Hz/s。

（9）输出电压波形失真度：≤2%。

（10）三相输出电压不平衡度：≤5%。

（11）三相输出电压相位偏移：≤3。

（12）过载能力：30 s。注：正常工作方式，过载 125%。

（13）输出负载功率因数：≤0.8。

（14）输出电流峰值系数：≥3。

4. 电源效率

UPS 的电源效率一般指输出有功功率与输入有功功率的比值的百分数，这是反映 UPS 本身损耗的一个可靠性指标；损耗大温度就高，元器件老化的速度就快。UPS 说明书上的效率值是该类设备可以达到的最大值，并且是一个变量：它是负载性质和负载量的函数。

电源效率：容量＞10 kV·A 时，电源效率≥90%；容量≤10 kV·A 时，电源效率≥80%。

9.1.5 UPS 冗余供电

任何设备总有出故障的时候,为了进一步提高整个电源系统的可靠性,需要采用冗余供电方式。目前,应用最为广泛的冗余供电方式有主备冗余供电方式和全冗余并联方式。在讨论冗余供电之前,首先应了解在线互动式 UPS 的 4 种工作状态。

(1) 市电正常

在正常工作状态下,由市电提供能量,整流器将交流电转换为直流电,逆变器将经整流后的直流电转换为纯净的交流电并提供给负载,同时充电器对蓄电池组浮充充电。

(2) 市电异常

在市电断电或者输入市电的电压或频率超出允许范围时,整流器自动关闭。此时,由蓄电池组提供的直流电经逆变器转换为纯净的交流电并提供给负载。

(3) 市电恢复正常

当市电恢复到正常后,整流器重新提供经整流后的直流电给逆变器,同时由充电器对蓄电池组充电。

(4) 旁路状态

静态旁路是 UPS 系统的重要组成部分,在下列两种情况下 UPS 处于旁路状态。

① 当负载超载、短路(实际上可以看成是一种严重的超载)或者逆变器出现故障时,为了保证对负载的供电不中断,静态旁路开关动作,由市电直接向负载供电。

② 维修或测试时,为了安全操作,将维修旁路开关闭合,由市电直接向负载供电。把 UPS 系统隔离,这种切换可保证在 UPS 检修或测试时对负载不间断供电。

在 UPS 的应用中,为了提高系统运行的可靠性,往往需要将多台 UPS 进行冗余连接,这种冗余连接包括热备份连接(串联连接)和并联连接两种方式。

(1) UPS 的热备份连接

热备份连接是指当单台 UPS 不能满足用户提出的供电可靠性要求时,就需要再接入一台同规格的单机来提高供电的可靠性。任何具有旁路环节的 UPS 都可以进行热备份连接,这种连接非常简单,当把 UPS1 作为主输出电源而把 USP2 作为备用机时,只需将备用机 UPS2 的输出端与 UPS1 的旁路输入端相连就可以了,不过此时 UPS1 的旁路输入端一定要与其输入端断开。在正常情况下,由 UPS1 向负载供电,UPS2 处于热备份状态空载运行;当 UPS1 出现故障时,UPS2 投入运行,接替 UPS1 继续向负载供电。只有当 UPS2 过载或逆变器出现故障时,才闭合 UPS2 的旁路开关,负载转为由市电供电。为节约投资,还可以采用 N+1 多机主备冗余供电,即两台以上的主机 UPS 的旁路开关一起连接到备用机 UPS 的输出端上。若两台不同容量的 UPS 相连,其容量只能按最小的那一台计算。

(2) UPS 的并联连接

由于 UPS 的输出阻抗存在差异,加之逆变器输出电压和市电电压存在误差,且各

UPS 之间的电压存在相位差和幅值差，因此，UPS 并联技术的实现难度和风险比较大，一般仅在大功率应用场合才会采用该技术。UPS 并联连接必须注意以下事项。

① 保证 UPS 的相位和幅值相同，使各 UPS 之间不出现破坏性环流。当系统中并联的 UPS 越多，出现环流的概率越大，系统带载能力及可靠性也就越差。

② 当并联 UPS 系统中的任一台出现故障时，不能将负载单独转为旁路，而是将负载分摊到与其并联的其他 UPS 上，从而对其他 UPS 造成冲击或过载，影响系统工作的可靠性。需要提出一个理解误区，用户往往以为并联就是简单地相加，两台 10 kV·A 的 UPS 并联，最大可带 20 kV·A，现在带上 14 kV·A 应该可以。其实不然，因为只要其中的一台 UPS 发生故障，14 kV·A 的负载将被强行加在另一台 UPS 上，这对 UPS 的工作性能非常不利，不可长期工作，最终还是交由旁路供电，从而降低了系统的可靠性。因此，如果系统要求 $N+1$ 冗余（$N>1$），可以使用并联冗余；而对 $1+1$ 冗余，其可靠性与热备份连接方式的可靠性基本一致。

③ 为了保证并联连接的工作正常，必须在原 UPS 的基础上增加并联柜、并联板和并联静态开关等，这会增加用户投资。有些厂家的产品还需要现场调试，在使用过程中增减 UPS 时，需要重新调试并联均流问题，增加了维护难度与成本。

并联连接的优点在于其动态性能好，扩容方便等，组建大容量系统时，一般都采用并联连接方式。

9.2　典型工作任务

9.2.1　UPS 的使用与维护

UPS 一般要求在海拔高度 3 000 m 以下使用，环境温度 0～40 ℃，相对湿度≤95％（25 ℃，无凝结），工作环境无剧烈振动、冲击，无导电尘埃，无腐蚀金属和破坏绝缘的气体和蒸汽。UPS 使用的温度条件实际上取决于蓄电池，无论 UPS 的充电器是否具有充电温度补偿功能，都必须将 UPS 用的蓄电池置于具有合适温度的环境。过低的环境温度会造成蓄电池的放电容量下降；当温度超过 25 ℃时，会造成蓄电池的使用寿命缩短，使用时应注意。

UPS 的使用维护注意事项如下。

（1）维修旁路注意事项

在 UPS 处于正常逆变器运行状态时，切勿合维修旁路开关，否则可能会造成 UPS 损坏，严重时会造成负载供电中断；维修旁路只有在静态旁路带载时才允许合闸。

（2）电池开关开启顺序注意事项

由于三相 UPS 的整流器输出电压是逐渐建立的,电压比较高,直流电压达到 400 V,在直流母排上并联着许多大电容,直流电容的电压是不允许瞬变的,所以只有在整流器的输出电压逐渐建立起来后,才能合电池开关。

(3) UPS 并联运行时注意事项

UPS 并联运行时不要在面板上轻易地开、关,或在面板上随意地设置参数,以免引起并联系统宕机,危害负载安全运行;UPS 并联运行时请勿扰动并联通信线。

(4) 更换蓄电池时注意事项

更换蓄电池时,如果蓄电池的 AH 数发生变化,请务必将蓄电池在 UPS 内的参数重新设置;更换电池连接线;在个别电池损坏暂时无替代时,可以调低浮充电压,移出故障电池。

(5) 更换耗材注意事项

UPS 是常年不间断运行的,冷却系统的风机在连续运行 3~5 年后就易损坏,应实时保养或直接更换;另,直流电容在运行 5 年后易发生电容干枯现象。为了确保 UPS 的可靠性,及时更换上述耗材是非常必要的。

(6) 油机电和市电倒换时注意事项

倒换油机电之前一定要确定大楼内所有的 UPS 都处在逆变器运行状态,没有设备在旁路供电;倒换油机电之前应等油机发出的电稳定之后再切换。

9.2.2　UPS 设备检查项目

为了及时发现事故和积累 UPS 设备的运行经验,检查内容如下。

(1) 来自市电电网的三相主电源(指向整流模块供电的交流电源)和交流旁路电源的输入电压及电流。

(2) UPS 整流器对电池组的充电电压及充放电电流。

(3) 在 UPS 面板上查看有无报警内容。

(4) 检查并联 UPS 每台设备的输出电流是否一致。

(5) 注意聆听 UPS 电源发出的噪音声响是否有明显的或异常的变化。

(6) 定期清除 UPS 内的积灰,保证机器的正常运转。

(7) 定期检查 UPS 风扇是否正常运转,若风扇运转不良将会造成机器无法散热,导致系统因操作温度过高而锁机。

(8) 定期检查所有的开关与端子的电线连接是否锁紧及电线是否因过热而造成褪色。

9.2.3　UPS 安全运行注意事项

(1) UPS 的带载量问题。UPS 大多并联运行,因此,为了保证冗余度,单机的带载量不能超过 50%。当 UPS 的带载量超过 50%时,此 UPS 并联系统的冗余度便降低,可靠性也会降低。另外,UPS 应该留有一定的余量,以便当 UPS 负载动态变化和负载启动时不致使 UPS 过载。故一般 UPS 单机的带载量宜为输出容量的 70%～80%,同时,此功率段 UPS 的效率最高。当 UPS 的单机容量超过 70%～80%时要降低负载;当并联容量超过 50%,立即降低 UPS 负载,否则 UPS 将处于有风险运转状态。

(2) UPS 轻载运行问题。大多数 UPS 在 50%～100%负载时效率最高,当负载低于50%时,其效率急剧降低,因此,当 UPS 过度轻载运行时,从经济角度讲是不合算的。另外,有的用户认为,负载越轻,机器的可靠性越高,故障率越低,其实,这种概念并不全面。负载轻虽然可以降低末级功率管损坏的概率,但对蓄电池却极其有害,这是因为过度轻载时,一旦市电停电,如果 UPS 没有深放电保护系统,有可能造成蓄电池过度深放电,造成蓄电池的永久性保护。

(3) UPS 不宜带载开机和关机。没有延迟启动功能的 UPS,带载开机很容易在启动的瞬间烧毁逆变器的末级驱动组件。因为刚开启时,控制电路的工作还未进入稳定状态,启动的瞬间会产生较大的浪涌电流,对 UPS 的末级驱动组件来说更是如此。当负载中包含电感性负载时,带载关机也同样可能引起末级驱动组件的损坏。因此,不要带载开机和关机。

(4) UPS 的核心部件是逆变器,逆变器正常运行时,不要用示波器或其他测试工具去观察控制电路的波形。因为测试时,尽管特别小心,也很难避免表笔与邻近点相碰,更难防止表笔接上后引起电路工作状态的变化,一旦电路工作异常,就有导致末级驱动组件烧毁的危险。

9.2.4　UPS 蓄电池检查维护

(1) 蓄电池的安装场地应保证通风,避免阳光直射,环境温度不宜过高或过低,最好保持在 20～25 ℃之间。

(2) 定期对蓄电池进行检查,如有性能异常,电池壳、盖子龟裂,变形等损伤及漏液情况发生时,要更换电池。

(3) 进行维护检修时,应使用绝缘手套、绝缘鞋等保护用品。如身体直接接触导线,有触电的危险。

(4) 清扫蓄电池时,要使用湿布。如用干布或掸子进行清扫,产生的静电有引火爆炸的危险。

(5) 清扫合成树脂电池壳时,不应使用香蕉水、汽油、挥发油等有机溶剂或洗涤剂,否则有可能使电池壳破裂,导致电解液漏出。

(6) 蓄电池的电压及外观应定期检查,螺栓螺帽也要定期拧紧。如不定期检查,有造成蓄电池破损及引火爆炸的危险。

（7）阀控密封铅酸蓄电池的安全阀在排气栓下面。禁止拆下安全阀和排气栓,否则有造成蓄电池破损的危险。

（8）严禁蓄电池过度放电,如小电流放电至自动关机,人为调低蓄电池的最低保护值等,均可能造成电池过度放电。

（9）对于经常停电,造成蓄电池频繁放电的区域,要采取措施,保证蓄电池在每次放电后有足够的充电时间,防止蓄电池长期充电不足。

（10）对于电网很少停电、蓄电池很少放电的 UPS,要每间隔 2～3 个月人为地断市电一次,让蓄电池放电一段时间,防止蓄电池"储存老化",使用寿命缩短,无法达到设计的使用寿命。

（11）要定期检查蓄电池的端电压和内阻,及时发现"落后"电池,进行个别处理。

习　　题

一、选择题

1. (　　)UPS 中有一个双向变换器,既可以当逆变器使用,又可作为充电器。

A. 后备式
B. 在线互动式
C. 双变换在线式
D. 双向变换串并联补偿在线式

2. UPS 主路输入市电断电时,由(　　)。

A. 电池逆变供电
B. 切换到旁路供电
C. 电池和旁路一起供电
D. UPS 停机

3. 双变换 UPS 在市电正常时,负载是由(　　)提供的。

A. 逆变器
B. 整流器
C. 稳压器
D. 充电器

4. 交流电不间断电源在市电中断时,蓄电池通过(　　)给通信设备供电。

A. 逆变器
B. 整流器
C. 静态开关
D. 变换器

二、填空题

1. UPS 并联与串联都是为了提高 UPS 系统的(　　)。

2. 静态 UPS 按工作方式不同,分为后备式、(　　)以及(　　)。

3. UPS 主要由整流器、(　　)、(　　)和静态开关等。

三、综合题

1. UPS 的组成包括哪些,在通信系统中有什么作用?

2. UPS 的分类? 简述各种 UPS 的工作方式有什么不同,说明各自的优缺点。

3. UPS 使用维护注意事项有哪些?

4. UPS 安全注意事项有哪些?

第10章　通信接地与防雷系统维护

10.1　相关知识

10.1.1　接地系统概述

接地系统是电源系统的重要组成部分,它不仅直接影响通信的质量和电力系统的正常运行,还起到保护人身安全和设备安全的作用。在电信局(站)中,接地技术牵涉到电源设备和房屋建筑防雷等各个方面。

接地概念和分类

电气系统所指的"地",便是人类生存的大地。大地是一个电阻非常低、电容非常大的物体,拥有吸收无限电荷的能力,而且在吸收大量电荷后仍能保持电位不变,因此作为电气系统中的参考电位体,即电气地。

与大地紧密接触并形成电气接触的一个或一组导电体称为接地体,接地体通常采用圆钢或角钢,也可采用铜棒或铜板。当流入大地中的电流通过接地体向大地作半球形散开时,由于这个半球形的球面在离接地体越近的地方越小,离接地体越远的地方越大,所以在离接地体越近的地方电阻越大,越远的地方电阻越小。实验证明:在距单根接地体或碰地处 20 m 以外的地方,实际上已没有什么电阻存在,该处的电位趋近零,这个电位等于零的电气地就叫地电位。

接地就是将地面上的金属物体或电路中的某结点用导线与大地可靠地连接起来,使该物体或结点与大地保持同电位。接地系统应具备的功能:(1) 防止电气设备发生事故时故障电路产生危险的接触电位和使故障电路开路;(2) 保证系统的电磁兼容性的需要,保证通信系统的所有功能不受干扰;(3) 为以大地作为回路的所有信号系统提供一个低的接地电阻;(4) 提高电子设备的屏蔽效果;(5) 降低雷击的影响,尤其对于高层电信大楼和山上的微波站而言。

10.1.2 接地系统组成

接地系统由大地、接地体(或接地电极)、接地引入线、接地汇集线和接地线组成。电信局(站)各类电信设备的工作接地、保护接地以及建筑防雷接地合用一组接地体的接地方式称为联合接地方式。联合接地方式的连接示意图如图10-1所示。

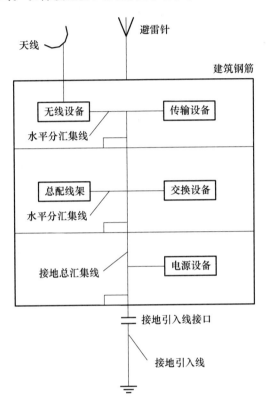

联合接地系统

图 10-1 联合接地方式示意图

组成接地系统的各部分的功能如下。

1. 大地

接地系统中所指的地即为一般的土地,它有导电的特性,并且有无限大的容电量,可以用来作良好的参考电位。

2. 接地体(接地电极)

如图 10-2 所示,接地体是使电信局(站)各地线的电流汇入大地扩散和为了均衡电位而设置的与土地物理结合形成电气接触的金属部件。接地体一般采用的镀锌材料有 3 种:① 角钢,50 mm×50 mm×5 mm,长 2.5 m;② 钢管,Φ50 mm,长 2.5 m;③ 扁钢,40 mm×4 mm。

图 10-2　接地体

联合接地方式的接地体由两部分组成,它是利用建筑基础部分混凝土内的钢筋和围绕建筑物四周敷设的环形接地体(由垂直和水平接地体组成)相互焊接而成的一个整体。

(1) 垂直接地体

垂直接地体宜采用长度不小于 2.5 m 的热镀锌钢材、铜材、铜包钢或其他新型的接地体;垂直接地体间距为垂直接地体长度的 1～2 倍;地网四角的连接处应埋设垂直接地体。

接地体的埋深一般不小于 0.7 m。在寒冷地区,接地体应埋设在冻土层以下。垂直接地体宜采用长度为 2.5 m 的不小于 50 mm×50 mm×5 mm 热镀锌角钢;使用钢管时壁厚应不小于 3.5 mm。

(2) 水平接地体

水平接地体应采用热镀锌扁钢(或铜材),扁钢规格不小于 40 mm×4 mm;接地体之间的所有连接,必须为焊接。焊点均应作防腐处理(浇灌在混凝土中的除外)。接地体应避开污水排放口和土壤腐蚀性强的区段。难以避开时,接地体的截面应适当地增大,镀层不宜小于 86 μm,也可用混凝土包封或使用其他新型材料。接地体扁钢搭接处的焊接长度应为宽边的 2 倍;采用圆钢时应为其直径的 10 倍。在建筑物周围设置的环形接地体,应与建筑物的基础地网每隔 5～10 m 相互作一次连接。

3. 接地引入线

接地体与贯穿电信局(站)各电信装机楼层的接地总汇集线之间的连接线称为接地引入线。在室外与土壤接触的接地体之间的连接导线则形成接地体的一部分,不作为接地引入线。接地引入线采用截面积 40 mm×4 mm 或 50 mm×5 mm 的热镀锌扁钢(移动通信基站也可以采用截面积不小于 95 mm² 的多股铜线)。接地引入线应作防腐、绝缘处理,其长度应不大于 30 m。当垂直接地主干线直接与地网连接时,应从地网上不同的两点引接地引入线。

4. 接地汇集线

接地汇集线是电信局(站)建筑物内的分布设备可与各通信机房接地线相连的一组

接地干线的总称。接地汇集线分为垂直接地总汇集线和水平接地分汇集线两部分,其中垂直接地总汇集线是一个主干线,其一端与接地引入线连通,另一端与建筑物各层楼的钢筋和各层楼的水平接地分汇集线相连,形成辐射状结构。接地汇集线如图 10-3 所示。

图 10-3　接地汇集线

通信局(站)的汇集铜排不应小于 40 mm×4 mm。垂直接地主干线(VR)应贯穿通信局(站)建筑物各层,其下端连接在建筑物底层的环形接地汇集线上,同时与建筑物各层的钢筋或均压带连通。当机房采用星形等电位连接方式时,各楼层汇流排(FEB)就近与垂直接地主干线连接;如使用多根垂直接地主干线时,各条线应与楼层均压网相互连通。

5. 接地线

接地线是电信局(站)内各类需要接地的设备与水平接地分汇集线之间的连线,其截面积应根据可能通过的最大负载电流确定,且不准使用裸导线布放。接地线应采用多股铜芯绝缘导线,线芯的截面积根据通过的最大电流确定,并尽可能短、直。一般设备的接地线,应采用截面积不小于 16 mm² 的多股铜线,距离较长时,其截面积应不小于 35 mm²。接地线必须使用接线子(铜鼻子)与接地汇集排连接,铜鼻子与接地线之间应压接牢固并用塑料护管对铜鼻子的根部作绝缘处理;开口式铜鼻子应焊接。

10.1.3　接地的分类

交、直流电源系统和建筑物防雷等都要求接地,接地的种类一般可分为工作接地、保护接地和防雷接地,接地分类如图 10-4 所示,以上各种接地的性质和功能分述如下。

1. 工作接地

工作接地用于保护通信设备和直流电源设备的正常工作。工作接地又可分为直流工作接地和交流工作接地。

在直流电源供电系统中,为了保护电源设备正常运行、保障通信质量而设置的电池一极接地,称为直流工作接地,如－48 V 电源正极接地。直流工作接地利用大地作为参考零电位,可以保证各通信设备间甚至各局(站)间的参考电位没有差异,保证通信设备

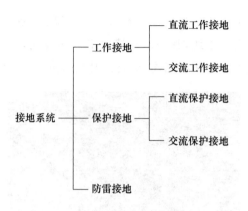

图 10-4　接地系统分类

正常工作。直流工作接地减少了用户线路对地绝缘不良时引起的通信回路间的串音。48 V 蓄电池组都是正极接地,以 −48 V 表示。正极接地的原因是为了减少由于继电器线圈或电缆金属外皮绝缘不良产生的电蚀作用,避免使继电器和电缆金属外皮受到损坏。正极接地也可以使大量的用户外线电缆的芯线不致因绝缘不良产生的漏电而受到电蚀。

交流工作接地是指低压交流电网中将三相电源中的中性点直接接地,如配(变)电器次级线圈、交流发电机电枢绕组等中性点的接地即称为交流工作接地。交流工作接地的作用是将由三极交流负荷不平衡引起的中性线上的不平衡电流泄放余地,减小中性点电位的偏移,保证各相设备正常运行。接地以后的中性线称为零线。图 10-5 为变压器交流工作接地示意图。

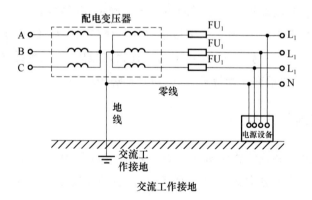

图 10-5　变压器交流工作接地示意图

2. 保护接地

在通信电源设备中,将设备在正常情况下与带电部分绝缘的金属外壳与接地体之间作良好的金属连接,可以防止设备因绝缘损坏而使人员遭受触电的危险,这种保护工作人员安全的接地措施,称为保护接地(或安全接地)。保护接地的作用是防止人身和设备遭受危险电压的接触，以保护人身和设备的安全。保护接地如图 10-6 所示。

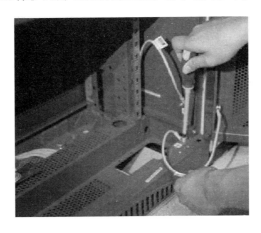

图 10-6　保护接地

在讨论保护接地时，先了解接触电压和跨步电压的概念。

（1）接触电压

在接地电流回路上，一人同时触及的两点间所呈现的电位差，称为接触电压。接触电压在距离接地体越近时其值越小，距离接地体或碰地处越远时则越大。在距接地体处或碰地处 20 m 以外的地方，接触电压最大，可达电气设备的对地电压。

（2）跨步电压

当电气设备碰壳或交流电一相碰地时，则有电流向接地体或着地点四周流散出去，而在地面上呈现出不同的电位分布，当人的两脚站在这种带有不同电位的地面上时，两脚间呈现的电位差叫跨步电压。

保护接地的作用如下。如未设保护接地，当人体触及绝缘损坏的电机外壳时，由于线路与大地间存在电容，或线路上某处绝缘不好，则电流就经人体而成通路，这样人体就会遭受触电的危害。对于有接地措施的电气设备，当绝缘损坏的外壳带电时，接地短路电流将同时沿着接地体和人体两路通路流过，流过每一条通路的电流值将与其电阻的大小成反比，即

$$\frac{I_R}{I_d'} = \frac{r_d}{r_R}$$

式中，I_d' 为沿接地体流过的电流；I_R 为流经人体的电流；r_R 为人体的电阻；r_d 为接地体的接地电阻。

从上式中可以看出，接地体的电阻越小，流经人体的电流也就越小。通常人体的电阻比接地体电阻大数百倍，所以流经人体的电流也就比流经接地体的电流小数百倍。当接地电阻极为微小时，流经人体的电流几乎等于零，也就是 $I_R \approx I_d'$。因而，人体就能避免触电的危险。

保护接地分为交流保护接地和直流保护接地。

(1)交流保护接地

按接地方式的不同,交流保护接地分为 TN、TT、IT 3 类。

- 第一个大写字母:T 表示电源变压器中性点直接接地;I 则表示电源变压器中性点不接地(或通过高阻抗接地)。

- 第二个大写字母:T 表示电气设备的外壳直接接地,但和电网的接地系统没有联系;N 表示电气设备的外壳与系统的接地中性线相连。

① TN 系统

TN 系统是将电气设备的金属外壳与工作零线相接的保护系统,又称作接零保护系统。根据电气设备外露导电部分与系统连接方式的不同又可分 3 类:TN-C、TN-S、TN-C-S。

(a)TN-C 系统

TN-C 系统的电源中性点接地,保护线(PE 线)与中性线(N 线)是合一的,如图 10-7 所示。

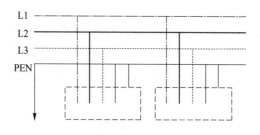

图 10-7　TN-C 系统

TN-C 系统的特点如下。

- 该系统的保护线与中性线合为 PEN 线,具有简单、经济的优点。

- 当发生接地短路故障时,故障电流大,使电流保护装置动作,切断电源。

- 对于单相负荷及三相不平衡负荷的线路,PEN 线总有电流流过,其产生的压降将会呈现在电气设备的金属外壳上,对敏感性电子设备不利。

- 此外,PEN 线上微弱的电流在危险的环境中可能引起爆炸,所以有爆炸危险的环境中不能使用 TN-C 系统。

(b)TN-S 系统

TN-S 系统的中性线(N 线)与保护线(PE 线)是分开的,除具有 TN-C 系统的优点外,TN-S 系统正常时 PE 线不通过负荷电流,故与 PE 线相连的电气设备的金属外壳在正常运行时不带电,安全、可靠,称为接零保护系统。该系统适用于对数据处理和精密电子仪器设备供电,也可用于有爆炸危险的环境中。TN-S 系统如图 10-8 所示。

- 国家通信行业标准规定在低压交流供电系统中应采用 TN-S 接线方式。

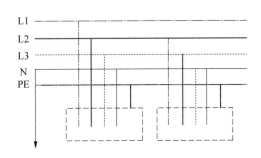

图 10-8　TN-S 系统

（c）TN-C-S 系统

TN-C-S 系统（如图 10-9 所示）由两个接地系统组成，前一部分是 TN-C 系统，后一部分是 TN-S 系统，其分界面在 N 线与 PE 线的连接点处。自连接点 A 起，分开为 PE 线和 N 线，分开后 N 线应对地绝缘。PE 线不能再与 N 线合并。PE 线和 PEN 线应标示黄绿色色标，N 线标示蓝色色标。TN-C-S 系统是一个被广泛采用的配电系统。

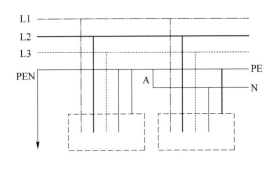

图 10-9　TN-C-S 系统

② TT 系统

在 TT 系统中，设备的外露可导电部分均经各自的保护线分别直接接地，各保护线间无电磁联系，因此 TT 系统也适于对数据处理、精密检测装置等供电。TT 系统与 TN 系统一样属三相四线制系统，接用相电压的单相设备也很方便，如果装有触电保护装置，对人身安全也有保障，所以这种系统应用比较广泛。TT 系统如图 10-10 所示。

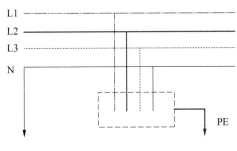

图 10-10　TT 系统

③ IT 系统

IT 系统的电源中性点不接地或经电阻接地,一般为三相三线制,其中电气设备的外露可导电部分均经各自的 PE 线分别直接接地;发生一相接地故障时,所有的三相用电设备仍可暂时运行,但是另两相的对地电压将由相电压升高到线电压,增加了对人身安全的威胁。由于设备的外露可导电部分经各自的 PE 线分别直接接地,PE 线间无电磁联系,因此 IT 系统适于对数据处理、精密检测装置等供电。IT 系统如图 10-11 所示。

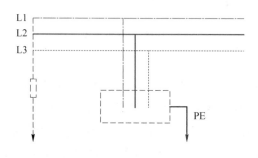

图 10-11　IT 系统

（2）直流保护接地

直流保护接地是将直流设备的金属外壳和电缆金属护套等接地(如图 10-12 所示),其作用是防止直流设备绝缘损坏时发生触电危险,保证维护人员的人身安全;减弱设备和线路中的电磁感应,保持稳定的电位,达到屏蔽的目的,减小杂音的干扰,以及防止静电的发生。

图 10-12　机架外壳接地

3. 防雷接地

防雷接地是指将雷电流引入大地,防止雷电流使人身或设备遭受雷击。

通信局(站)通常有两种防雷接地装置:一种是为了保护建筑物不受雷击而专设的防雷接地装置,由建筑部门设计安装;另一种是为了防止雷电过电压对通信设备或电源设备的破坏而埋设的防雷接地装置,其作用是当输电线路受到雷击时,阀型避雷器中的阀片被击穿,将雷电流经防雷接地装置导入大地,从而保护其他设备的安全。

10.1.4　联合接地系统

1. 分设接地系统

一个通信局(站)的工作接地、保护接地和防雷接地的系统,如果分别安装设置,自成系统、互不连接则称为分设的接地系统。当各接地系统分设时,各接地系统的接地体之间的距离应相隔 20 m 以上。

分设接地系统存在下列问题:(1)侵入的浪涌电流在分离的接地体之间产生电位差,使设备产生过电压;(2)外界电磁场的干扰日趋增大,使地下杂散电流发生串扰,增大了对通信电源设备的电磁耦合影响;(3)交流电源设备外壳的保护接地和直流工作接地由于走线架、铅包电缆外皮等的连接,难以分开;(4)接地装置过多,导致打入土壤中的接地体过密,不能保证相互间的安全间隔,造成不同接地体之间互相干扰。

2. 联合接地系统

(1)联合接地系统的概念

联合接地系统是将工作接地、保护接地和防雷接地合并设在一个接地系统,形成的一个统一合设的接地系统,如图 10-13 和图 10-14 所示。

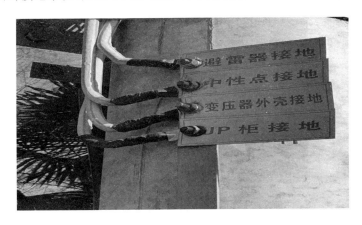

图 10-13　联合接地系统

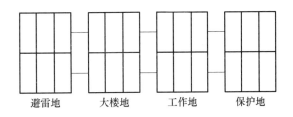

图 10-14　联合接地系统示意图

在合设的联合接地系统中,为使同层的机房内形成一个等电位面,应从每层楼的建筑钢筋上引出接地扁钢,与同层的电源设备外壳相连接,这样有利于雷电过电压的保护,且能够保护人员和设备的安全。利用机房大楼的基础和钢筋躯体作为接地体,接地电阻是比较小的。

（2）联合接地系统的优点

① 地电位均衡,同层各地线系统的电位大体相等,消除了危及设备的电位差。

② 公共接地母线为全局建立了基准零电位点,全局按一点接地原理采用一个接地系统,任何时候都不存在电位差。

③ 消除了各个地线系统之间的相互干扰。

④ 由于强、弱电,高频和低频电都等电位,所以提高了电磁兼容性能。

（3）接地连接注意事项

① 共用接地系统的接地电阻应满足各种接地中最小接地电阻的要求。

② 直流地、交流地和保护地虽然最后都接在同一地线总汇流排（如图 10-15 所示）上,但各地之间不能任意连接,在未接入前,地线之间应保持严格的绝缘。因此,通信大楼的地线设计应合理地安排地线系统的拓扑结构,建筑防雷地应直接连接到地网,设备的工作地在地线总汇流排单点连接后汇集到地网。

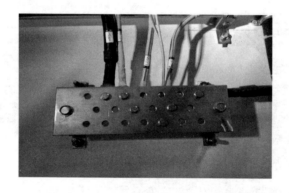

图 10-15　地线总汇流排

10.1.5　通信局（站）接地电阻

接地电阻一般由接地引入线电阻、接地体本身电阻、接地体与土壤的接触电阻以及接地体周围电流区域内的散流电阻 4 部分组成。通信局（站）联合接地装置的接地电阻应满足各种接地功能的要求,并以通信设备要求最高、接地电阻值最小数值为准。

我国《通信局（站）电源系统总技术要求》规定的联合接地装置的接地电阻值见表 10-1,表中所示的接地电阻值均为直流或工频接地电阻值。

表 10-1　我国规定的通信局(站)联合接地装置的接地电阻值

适用范围	接地电阻/Ω
综合楼、国际电信局、汇接局、万门以上程控交换局、2 000 路以上长话局	<1
2 000 门以上 1 万门以下程控交换局、2 000 路以下长话局	<3
2 000 门以下程控交换局、光终端站、载波增音站、地球站、微波枢纽站、移动通信基站	<5
微波中继站、光缆中继站、小型地球站	<10
微波无源中继站	<20(注)
大地电阻率小于 100 Ω·m,电力电缆与架空电力线接口处防雷接地	<10
大地电阻率为 100~500 Ω·m,电力电缆与架空电力线接口处防雷接地	<15
大地电阻率为 500~1 000 Ω·m,电力电缆与架空电力线接口处防雷接地	<20

注:当土壤电阻率太高,接地电阻难以达到 20 Ω 时,可放宽到 30 Ω。

10.1.6　防雷保护

1. 雷电危害

雷电的破坏作用非常巨大,可造成通信局(站)发生火灾和爆炸事故,损坏供电设备,造成停电,烧毁设备、计算机系统、控制调节系统等。

(1)电效应

巨大的雷电流流经防雷装置时会造成防雷装置的电位升高,这样的高电位作用在电气线路、电气设备或金属管道上,使它们之间产生放电,这种现象叫反击,它能造成电气设备的绝缘被破坏,使高压窜入低压系统,可能直接导致接触电压和跨步电压产生,引发事故。

(2)热效应

巨大的雷电流通过雷击点,在极短的时间内转化为大量的热量。雷击点的发热量约为 500~2 000 J,易造成易爆物品燃烧或造成金属熔化、飞溅而引起火灾或爆炸事故。

(3)机械冲击效应

当被击物遭受巨大的雷电流时,由于雷电流的温度很高,一般为 6 000~20 000 摄氏度,甚至高达数万度,被击物缝隙中的气体剧烈膨胀,缝隙中的水分也急剧地蒸发为大量气体,因而在被击物体内部会出现强大的机械压力,致使被击物体遭受严重破坏或发生爆炸。

(4)静电感应

当金属物处于雷云和大地电场中时,金属物上会感应出大量的电荷,雷云放电后,云与大地间的电场虽然消失,但金属物上所感应聚积的电荷却来不及立即逸散,因而产生很高的对地电压,称为静电感应电压。静电感应电压往往高达几万伏,可以击穿数十厘米的空气间隙,发生火花放电,因此,对于存放可燃性物品或易燃、易爆物品的场所是很危险的。

（5）电磁感应

由于雷击时巨大的雷电流在周围空间产生迅速变化的磁场，处于变化磁场中的金属导体感应出很大的电动势。若导体闭合，金属物上仅产生感应电流；若导体有缺口或回路上某处的接触电阻较大，由于感应电动势很大，所以在缺口处会产生火花放电或在接触电阻大的部位产生局部过热，从而引燃周围的可燃物。

（6）雷电波侵入

雷电在架空线路、金属管道上会产生冲击电压，使雷电波沿线路或管道迅速传播，若侵入建筑物内，可造成配电装置和电气线路的绝缘层击穿，产生短路，或使建筑物内的易燃、易爆物品燃烧和爆炸。

（7）雷电对人的危害

雷击电流迅速通过人体，可立即使呼吸中枢麻痹，心室纤颤或心跳骤停，致使脑组织及一些主要器官严重损害，人出现休克或突然死亡。雷击时产生的电火花，还可使人遭到不同程度的烧伤。

（8）浪涌

最常见的电子设备危害不是由直接雷击引起的，而是由雷击发生时在电源和通信线路中感应的电流浪涌引起的。

2. 电源系统防雷保护原则

为了防止电源系统和人身遭受雷害，主要应采取以下原则。

（1）重视接地系统的建设和维护

电信局(站)的防雷保护措施，首先要做好全局接地系统的工事，防雷接地是全局接地的一部分，做好整个接地系统才能让雷电流尽快入地，避免危及人身和设备的安全。

电信建筑物的屋顶上设置避雷针和避雷带等接闪器，与建筑物外墙上下的钢筋和柱子钢筋等结构相连，再接到建筑物的地下钢筋混凝土基础上，组成一个接地网。这个接地网与建筑物外的接地装置，如变压器、油机发电机、微波铁塔等接地相连，组成电信设备的工作接地、保护接地、防雷接地合用的联合接地系统。

在已建的电信局(站)中，应加强对联合接地的维护工作，定期检查焊接和螺丝加固处是否完好，检查建筑物和铁塔的引下线是否受到锈蚀，以免影响防雷作用；还应定期对避雷线和接地电阻进行检查和测量。

（2）采用等电位原理

等电位原理是防止遭受雷击时产生高电位差，使人身和设备免遭损害的理论根据。电信局(站)采用联合接地，把建筑物的钢筋结构组成一个呈法拉第笼式的均压体，使各点电位分布比较均匀，于是工作人员和设备的安全将得到较好的保障；该方法也能对设备起到屏蔽作用。

（3）采用分区保护和多级保护

① 分区保护

应将需要保护的空间划分为不同的防雷区（LPZ），以确定空间不同的各部分雷电电磁脉冲（LEMP）的严重程度和相应的防护对策。以各区交界处的电磁环境有无明显改变作为划分不同防雷区的特征。

（a）防直击雷区 $LPZO_A$。本区内的各物体都可能遭到直接雷击，因此各物体都可能导走大部分雷电流。本区内的电磁场没有衰减。

（b）防间接雷区 $LPZO_B$。本区内的各物体不可能遭到直接雷击，流经各导体的雷电流比 $LPZO_A$ 区少，但本区内的电磁场没有衰减。

（c）防感应雷冲击区 LPZ_1。本区内的各物体不可能遭到直接雷击，流经各导体的电流与 $LPZO_B$ 区相比进一步减少，本区内的电磁场已经衰减，衰减程度取决于屏蔽措施。

如果需要进一步减少所导引的电流和（或）电磁场，就应再分出后续防雷区如防雷区 LPZ_2 等，以保护对象的重要性及其承受浪涌的能力作为选择后续防雷区的条件。通常，防雷区划分的级数越多，电磁环境的参数就越低。

② 多级保护

除分区原则外，防雷保护也要考虑多级保护的措施，因为雷击设备时，设备的第一级保护元件动作之后，进入设备内部的过电压幅值仍相当高，只有采用多级保护才得以把外来的过电压抑制到电压很低的水平，保护设备内部集成电路等元件的安全。如果设备的耐压水平较高，可使用二级保护；当设备的可靠性要求很高，电路元件又极为脆弱时，则应采用三级或四级保护。

（4）加装电涌保护器（SPD）

电涌保护器是抑制传导来的线路过电压和过电流的装置，包括放电间隙、压敏电阻、二极管、滤波器等。放电间隙、压敏电阻也称为避雷器，正常时呈高阻抗状态，并联在设备电路中，对设备的工作无影响；当受到雷击时，能承受雷电流强大的浪涌能量而放电，呈低阻抗状态，并能迅速将外来冲击的过量能量全部或部分泄放掉，响应时间极快，可瞬间恢复到平时的高阻抗状态。

10.1.7　防雷元件

防雷方法有"抗"和"泄"两种："抗"是指各种电器设备应具有一定的绝缘水平，提高其抵抗雷电破坏的能力；"泄"是指使用足够的防雷元件，将雷电引向自身泄入大地，消减雷电的破坏力。常用的防雷元件主要有接闪器、消雷器和避雷器 3 类。

1. 接闪器

接闪器是专门用来接受直击雷的金属物体，分为避雷针、避雷线、避雷带和避雷网。

接闪的金属杆称为避雷针,接闪的金属线称为避雷线,接闪的金属带、金属网称为避雷带或避雷网。所有的接闪器都必须经过引下线与接地装置相连。接闪器一般用于建筑防雷,通常用镀锌圆钢或镀锌焊接钢管制成,常安装在构架、支柱或建筑物上,其下端经引下线与接地装置焊接。

(1)避雷针

由于避雷针高于被保护物,又和大地直接相连,当雷云先导接近时,它与雷云之间的电场强度最大,所以可将雷云放电的通路吸引到避雷针本身并经引下线和接地装置将雷电流安全地泄放到大地中去,使被保护物体免受直接雷击。避雷针如图 10-16 所示。

(2)避雷线

避雷线架设在架空线路的上边,用以保护架空线路或其他物体(包括建筑物)免受直接雷击。由于避雷线既架空又接地,所以又叫作架空地线。避雷线的原理和功能与避雷针基本相同。

(3)避雷带和避雷网

避雷带和避雷网普遍用来保护较高的建筑物免受雷击。避雷带一般沿屋顶周围装设,高出屋面 $100\sim150$ mm,支持卡间距离 $1\sim1.5$ m。避雷网除沿屋顶周围装设外,必要时还在屋顶上面用圆钢或扁钢纵横连接成网。避雷带和避雷网必须经引下线与接地装置可靠地连接。避雷带如图 10-17 所示。

图 10-16　避雷针

图 10-17　避雷带

2. 消雷器

消雷器是一种新型抗雷设备,其结构包括离子化装置、地电吸收装置和连接线等。消雷器利用金属针状电极的尖端放电原理来工作。当雷云出现在被保护物的上方时,被保护物周围的大地中将感应出大量与雷云带电极性相反的异种电荷,地电吸收装置将异种感应电荷收集后通过连接线引向离子化装置(针状电极)发射出去,向雷云方向运动并与雷云所带的电荷中和,使雷电减弱,起到防雷的作用。

3. 避雷器

避雷器(如图 10-18 所示)是一种过电压保护设备,用来防止雷电所产生的大气过电压沿架空线路侵入变电所或其他建筑物内;避雷器也可以限制内部过电压。避雷器一般与被保护设备并联,且位于电源侧,其放电电压低于被保护设备的绝缘耐压值。

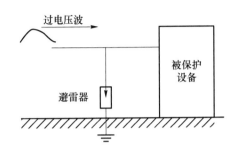

图 10-18　避雷器

当过电压沿线路侵入时,将首先使避雷器击穿并对地放电,从而保护了后面的设备。氧化锌压敏电阻避雷器是通信电源设备主要采用的避雷器,由于它性能优越、结构简单、小型可靠,得到了广泛的应用。这种避雷器以氧化锌(ZnO)为主要原料,在氧化锌内混合掺入氧化铋(Bi_2O_3)、氧化钴(CoO)、氧化锰(MnO)等微量混合物,在 1 000 ℃ 以上温度下烧结成烧结体元件,因此它没有串联间隙。

压敏电阻和气体放电管也是常用的防雷元件,前者属于限压型,后者属于开关型。压敏电阻属于半导体器件,其阻抗与冲击电压和电流的幅值密切相关,在没有冲击电压或电流时其阻值很高,但随幅值的增加会不断减少,直至短路,从而达到限压的目的。气体放电管的阻抗在没有冲击电压和电流时很高,一旦电压幅值超过其击穿电压,阻抗就突变为低值,两端电压维持在 200 V 以下。

10.1.8　通信电源系统防雷保护

通信电源系统防雷保护包括外部防雷系统和内部防雷系统两个部分,它们是一个有机的整体。外部防雷是指防直击雷,它由接闪器、引下线、接地装置和屏蔽隔离等组成;内部防雷则包括过电压保护、防闪络安全距离等电位连接、合理布线和屏蔽隔离措施等,它是指除了外部防雷系统外的所有附加措施。两者相辅相成,缺一不可。通信电源系统的防雷保护如图 10-19 所示。

通信电源系统的防雷保护措施如下。

通信局(站)的防雷是一项系统工程,通信电源系统防雷是这项系统工程的一部分。若这项防雷系统工程的其他部分不完备,仅对通信电源系统防雷,其结果是既做不好通信局(站)内其他设备的防雷,又会给通信电源留下易受雷击损坏的隐患。这是因为雷电

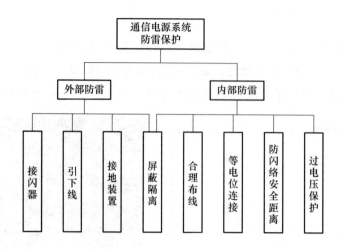

图 10-19　通信电源防雷保护

冲击波的电流(电压)幅值很大,持续时间极短,企图在某一位置、靠一套防雷装置就解决问题是目前的科技水平所无法实现的。根据国际电工委员会标准给出的低压电气设备的绝缘配合水平,对雷电或其他瞬变电压的防护应分 A,B,C 等多级来实现,如图 10-20所示。

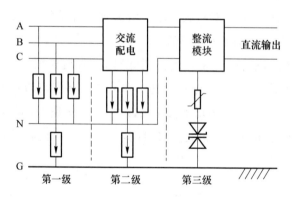

图 10-20　通信电源三级防雷网络示意

　　局(站)市电高压引入线路,如采用高压架空的线路中,其进站端上方宜设架空避雷线,长度为 300～500 m,避雷线的保护角应不大于 25°,避雷线(除终端杆外)宜每杆作一次接地。

　　位于城区内的电信局,市电高压引入线路宜采用地下电力电缆接入通信局(站),其电缆长度不宜小于 200 m。

　　变压器的高、低压侧均应装一组氧化锌避雷器,氧化锌避雷器应尽量靠近变压器装设。变压器低压侧的第一级避雷器与第二级避雷器的距离应大于或等于 10 m。出入局(站)的交流低压电力线路应采用地理电力电缆,其金属护套应就近两端接地。低压电力电缆的长度宜不小于 50 m,两端芯线应加装避雷器。严禁采用架空的交、直流电力线进出通信局(站)。

图 10-20 所示的防雷是由三级防雷网络构成的一个完整的防护体系：第一级是将绝大部分雷电流直接引入地中泄散；第二级是阻塞侵入波沿引入线进到设备上形成的雷电过电压；第三级是限制被保护物上的雷电过电压幅值。这种防雷方式不仅对防雷击较为有效，对防电网上的电压浪涌也有效。通常将通信电源交流系统的低压电缆进线作为第一级防雷，交流配电屏作为第二级防雷，整流器输入端口作为第三级防雷，这是通信电源系统防雷的最基本要求。

通信局(站)内的交、直流配电设备及电源自动倒换控制架，应选用机内有分级防雷措施的产品，即交流屏输入端和自动稳压、稳流的控制电路均应有防雷措施。

在市电油机转换屏(或交流稳压器)的输入端、交流配电屏输入端三根相线及零线处分别对地加装避雷器，在整流器输入端、不间断电源设备输入端、通信用空调输入端均应按上述要求加装避雷器。

10.2 典型工作任务

10.2.1 接地电阻测试

接地电阻测试仪是检验和测量接地电阻的常用仪表，也是安全检查与接地工程竣工验收的工具。常用仪表有手摇式接地电阻测试仪、数字式钳形地阻表和数字式接地电阻测试仪。

1. 手摇式接地电阻测试仪

手摇式接地电阻测试仪又称为接地电阻摇表，下面以某型手摇式接地电阻测试仪为例，说明该类仪表的操作与使用。

(1) 操作面板

手摇式接地电阻测试仪的操作面板如图 10-21 所示。

图 10-21 手摇式接地电阻测试仪操作面板

① 平衡调整电位器:测试时调整该电位器,使表头指针指示零位。

② E/F:接地体连接端,通常 E 端和 F 端用短接片连接,当测出的接地电阻小于 1 Ω 时,需要将短接片取出,分别从 E 端和 F 端单独引连接线到接地体上。

③ P:辅助电压极连接端。

④ C:辅助电流极连接端。

⑤ 手柄:连接表内手摇式发电机。

⑥ 指针式表头。

⑦ 电阻倍率挡位:分成×0.1,×1,×10 3 挡,从平衡调整电位器上读出的电阻值乘以电阻倍率得到实际的接地电阻值。

⑧ 辅助电流极。

⑨ 辅助电压极。

⑩ 接地体。

(2) 手摇式接地电阻测试仪的自校正

① 机械零位调整

测试仪在使用时,首先应放在平整的地方,然后检查检流计的表针是否处于零位,如果偏离则作适当的调整。

接地电阻测试

② 电气零位检查

检查时用导线把"C""P""E"和"F"4 个端子连成一体,调节电位器使其在"0"位,量程转换置于"×1"及"×10"挡,此时摇动仪器手柄,指针应该指在"0"位,若不指"0",则此测试仪应送修。当量程转换置于"×0.1"挡时,摇动发电机手柄,如果指针偏离"0"位,则转动电位器,使检流计指针回零,读出此时电位器的电阻值 R_0。在实际测量中,应将测得的接地电阻值减去 R_0。假定某次测量时测得接地电阻值为 2.16 Ω,那么实际接地电阻值为 $(2.16-R_0)$ Ω。

③ 灵敏度检查

灵敏度检查的方法如下:用导线把"C""P""E"和"F"4 个端子连成一体,电位器置于 1 Ω 位置,量程转换置于"×0.1"挡,摇动仪器手柄,若指针偏离"0"位 4 小格以上,则此仪器的灵敏度合格;若量程转换置于"×1"及"×10"挡,偏离格数应该大于量程转换置于"×0.1"时的偏离格数。

④ 精确度检查

手摇式接地电阻测试仪为强制性年度校准仪表,每年应送相关的计量单位检测。

(3) 手摇式接地电阻测试仪的使用

① 测量前,选择辅助电极的布极位置,要求所选择的布极点没有杂散电流的干扰,并且辅助电压极、辅助电流极、接地体边缘三者之间,两两距离不小于 20 m。

② 接地电阻测试仪自校正。

③ 按照图 10-22 所示,正确连接测试仪。为了提高测量精度,在条件允许的情况下,将接地体与其上连接的设备断开,以免接地体上泄漏的杂散电流影响测量精度。

④ 保持测试仪处于水平状态。将倍率旋钮置于最大挡("×10"挡),并匀速摇动仪器手柄(每分钟约 150 转),同时调整仪表电位器旋钮,使接地电阻测试仪处于平衡状态。如果测试仪始终不能达到平衡状态,重新调整倍率旋钮和电位器旋钮,直到测试仪达到平衡,电位器读数乘以倍率即为接地电阻值。

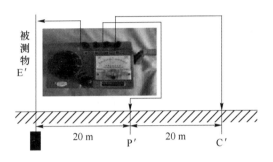

图 10-22　手摇式接地电阻测试仪测量接线图

2. 数字式钳形地阻表

数字式钳形地阻表(如图 10-23 所示)测试时无须辅助测试桩,只要往被测地线上一夹,几秒钟即可获得测量结果,极大地方便了地阻测量工作,其优点是可以对在用设备的地阻进行在线测量,而无须切断设备电源或断开地线。数字式钳形地阻表简单、快速、轻便、智能化,不必使用辅助接地棒,也无须中断待测设备的接地,只要钳夹住接地线(棒),就能测量出对地电阻,可以完成各种类型的接地电阻测量,广泛地应用于电力系统、电信系统、大楼建筑、高压铁塔等接地电阻的测量。

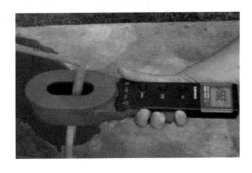

图 10-23　数字式钳形地阻表

(1) 电阻测量原理

数字式钳形地阻表测量接地电阻的基本原理是测量回路电阻。钳表的钳口部分由电压线圈及电流线圈组成,电压线圈提供激励信号,并在被测回路上感应一个电势 E。在电势 E 的作用下,被测回路将产生电流 I。钳表对 E 及 I 进行测量,并通过公式换算即

可得到被测电阻 R。

(2)电流测量原理

数字式钳形地阻表测量电流的基本原理与电流互感器的测量原理相同。被测量导线的交流电流 I,通过钳口的电流磁环及电流线圈产生一个感应电流 I_1,钳表对 I_1 进行测量,通过公式换算即可得到被测电流 I。

(3)使用说明

① ON/OFF 的操作

ON/OFF 按键用来切换开机或关机状态。

② 测量电阻及电流的选择

测量电阻,当开机后,仪器会在测量电阻的模式,"------"表示钩表开启,闭合不完全;测量电流,当按下"A"键后,即可测试泄漏电流,"OL"表示测量值超过范围。

③ HOLD 键

测量时按下"HOLD"键,所测量的值会保存起来,于是可将保留的值记录下来。

3. 数字式接地电阻测试仪

数字式接地电阻测试仪(如图 10-24 所示)是一款专业测试电气设备接地电阻的仪器,相较于以上两种仪器其功能更全,准确度更高,操作更方便可靠,防尘防潮的结构更适合野外使用。数字式接地电阻测试仪可用于电力系统、电力设备、防雷设备等接地系统的接地电阻测量,还可用于测量交流电压。

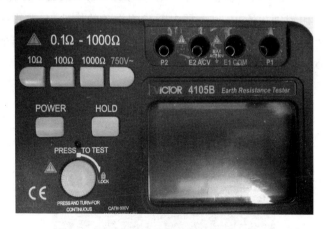

图 10-24　数字式接地电阻测试仪

10.2.2　防雷系统维护

通信局(站)的防雷接地包括地网、避雷针(避雷带)、动力系统防雷、监控系统防雷、机房接地汇集体和连接线。防雷设备维护的主要要求是维持防雷设备指示正常、无发热异常现象。接地装置和避雷针维护的主要要求是维持焊接质量稳定可靠、连接牢固有效,能承受大电流冲击。

1. 设备地线系统的维护

① 定期检查设备地线包括防雷保护地线和工作地线是否接在机房总地排上,交流零线的接地是否在靠近变压器的低压配电室;若变压器和低压配电都在远离主楼的其他楼房,应检查零线是否就近接在该建筑物外的联合地网上。

② 检查第一级大电流避雷器的地线是否直接接在总地排上;若第一级大电流避雷器在远离主楼的独立变压和低压配电房时,则应检查其地线是否就近接在该建筑物外的联合地网上。

③ 定期检查并确保地排上的接线端子连接可靠、无松动现象,确保电缆头的标识清楚、准确;确保新增加设备地线的连接符合标准的要求。

④ 检查地排地线系统,确保没有其他设备的地线连接至电信系统的地排。

2. 变配电系统避雷器的维护

① 检查电源变配电系统的多级防雷措施是否合理,高压引入线、变压器、低压配电屏、市油切换屏、交流配电屏设备是否均安装了避雷器。

② 检查所有避雷器(箱)外的断路开关(或空气开关)是否工作正常。

③ 雷雨季节里,应在巡检时检查避雷器的失效指示是否处于正常状态,检查避雷器的断路开关是否断开(特别是空气开关容易跳开)。

④ 对已失效的避雷模块以及过了有效使用期的避雷器应及时更换。

⑤ 定期检查避雷器的各种辅助指示电路工作是否正常,连接电缆接头是否牢固,避雷模块是否有明显发热。

⑥ 定期断开电源,用仪表测试避雷器的动作电压指标是否符合标准的要求。

3. 开关电源和 UPS 设备里避雷模块的维护

① 雷雨季节里,应在巡检时检查模块式避雷器的失效指示是否处于正常(未失效)状态,检查避雷模块所对应的空气开关是否跳开。

② 定期检查避雷器并确保避雷模块没有明显发热,还应拔出避雷模块,用仪表测试其动作电压,确保指标符合标准要求。

③ 对已失效的避雷模块以及过了有效使用期的避雷器应及时更换。

4. 动力监控系统防雷接地的维护

① 定期检查动力监控系统信号接口的防雷保护装置运行是否良好,状态指示是否正常,接地线连接是否牢固。

② 对已失效的避雷模块以及过了有效使用期的避雷器应及时更换。

③ 定期用仪表测试信号避雷器的保护动作电压和传输性能指标,确保其符合标准要求。

5. 防雷接地系统维护项目

防雷接地系统的维护项目如表 10-2 所示。

表 10-2　防雷接地系统维护项目

序　号	维护项目	周　期
1	检查电源防雷器的模块失效指示和断路开关状态	月
2	检查动力监控系统接口避雷器状态	
3	检查室内地线连接质量	季
4	检查电源防雷器模块发热状态	
5	测量地网电阻值	年
6	检查地网引线接头质量	
7	检查各种防雷器、各种指示装置的状态	

10.2.3　防雷与接地系统综合检查

1. 检查线径、标签与走线规范

接闪器应设置专用雷电流引下线,材料宜采用 4 mm×40 mm 的镀锌扁钢。单管塔避雷针接地采用 95 mm² 铜芯线,单管塔避雷接地不再采用从避雷针底端直接用铜芯线接入地网的方式,而是采用法兰间跳线连接。另外,重点关注重复接地、标签、接地线的编扎等情况是否符合要求。

2. 检查地网、接地引入线、接地线和接地汇集线(汇集牌)

电信通信基站地网由机房地网、铁塔地网和变压器地网组成。地网应充分利用机房建筑物的基础(含地桩)、基础内的主钢筋和地下其他金属设施,将其作为接地体的一部分。垂直接地体的长度宜为 1.5～2.5 m,垂直接地体间距为其自身长度的 1.5～2 倍,若遇到土壤电阻率不均匀的地方,下层的土壤电阻率低,可以适当地加长。当垂直接地体的埋设有困难时,可设多根环形水平接地体,彼此间隔为 1～1.5 m,且应每隔 3～5 m 相互焊接连通一次。

3. 检查接地体外露情况

接地体的上端距地面应不小于 0.7 m,在寒冷地区,接地体应埋设在冻土层以下。观察机房 50 m 半径范围内的地网是否有裸露。有挖土设备处,观察其是否将地网撬出,导致地网接地体未能完全达到地表距离。

4. 检查接地体的连接状况

铜鼻子与接地铜牌的连接面必须保证充分而可靠的连接;所有接地体的连接必须达到其连接螺栓的预紧力程度。

习　题

一、选择题

1. 接地电阻应在(　　)测量。

A. 春季　　　　　　　B.夏季　　　　　　　C.雨季　　　　　　　D.干季

2. C 级防雷器中压敏电阻损坏后其窗口颜色变(　　)。

A. 红　　　　　　　　B. 橙　　　　　　　　C. 黄　　　　　　　　D. 绿

3. C 级防雷系统防雷空开的作用是(　　)。

A. 防止线路短路着火

B. 雷电一到即断开防雷器

C. 防止雷电损坏整流模块

4. 保护地电缆线的颜色为(　　)。

A. 红色　　　　　　　B. 黑色　　　　　　　C. 蓝色　　　　　　　D. 黄绿相间

5. 避雷器通常接于导线和地之间,与被保护设备(　　)

A. 串联　　　　　　　B. 并联　　　　　　　C. 串并结合

6. 接地引入线的材料常用(　　)。

A. 多股铜线　　　　　B. 铜排　　　　　　　C. 镀锌扁钢

7. 通信机构大楼接地以(　　)接地方式保障。

A. 联合　　　　　　　B. 分散　　　　　　　C. 独立

8. 交流用电设备采用三相四线制引入时,零线(　　)。

A. 不准安装熔断器

B. 必须安装熔断器

C. 装与不装熔断器均可

9. 引入通信局的交流高压电力线应采取高、低压(　　)装置。

A. 混合避雷　　　　B. 一级避雷　　　　　C. 多级避雷　　　　　D. 单级避雷

10. 装设接地线的顺序是(　　)。

A. 先接导体端后接接地端

B. 先接接地端后接导体端

C. 先接中间相后接两边相

第11章 动力环境集中监控系统

11.1 动力环境集中监控系统

动力环境集中监控系统(简称监控系统)是一个分布式计算机控制系统,它通过对监控范围内的通信电源系统和系统内的各电源设备、空调设备以及机房环境进行遥测、遥信,实时监视系统和设备的运行状态,记录和处理相关数据,及时侦测故障并适时地通知维护人员处理;进行必要的遥控操作,改变或调整设备的运行状态;按照上级监控系统或网管中心的要求提供相应的数据和报表,从而实现通信局(站)的少人或无人值守,实现电源、空调及环境的集中监控维护管理,提高供电系统的可靠性和通信设备的安全性。监控系统是一个集中并融合了现代计算机技术、通信技术、电子技术、自动控制技术、传感器技术和人机系统技术的最新成果的计算机集成系统。

监控系统的
定义和功能

动力环境集中监控系统的监控对象包括通信电源和机房环境,监控系统如图 11-1 所示。

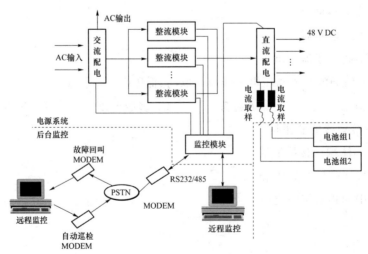

图 11-1 动力环境集中监控系统

通信电源监控系统是动力环境集中监控系统的控制和管理核心,它使人们对通信电源系统的管理由繁琐、枯燥变得简单、有效,其功能通常表现在以下 3 方面。

(1) 通信电源监控系统可以全面地管理电源系统的运行,方便地更改运行参数,对电池的充放电实施全自动管理,记录、统计、分析各种运行数据。

(2) 当系统出现故障时,它可以及时、准确地给出故障发生的部位,指导管理人员及时采取相应措施、缩短维修时间,从而保证电源系统安全、长期、稳定、可靠地运行。

(3) 通过"遥测、遥信、遥控"功能,实现通信电源系统的少人值守或全自动化无人值守。

通信电源机房环境的质量要求标准如下。

(1) 房间密封良好,气流组织合理,保持正压和足够的新风量。新风量应保持下列 3 项中的最大值:室内总送风量的 5%;按工作人员所需,每人 40 m³/h;维持室内正压所需风量。

(2) 通信机房内的环境应满足按机房环境分类的温度和湿度的要求。

(3) 通信机房若无空调设施,应安装通风排气设施。

(4) 在满足设备正常运行的条件下,为节约能源,应科学合理地确定通信机房的温、湿度范围。当空调制冷时,应尽量靠近温、湿度要求的上限;当空调制热时,则应尽量靠近温、湿度要求的下限。通信电源机房环境的温、湿度要求如表 11-1 所示。

表 11-1　温、湿度要求

机房类别	温度/℃	相对湿度/%
油机室	5～40	20～80
电力室	10～30	20～80
电池室	5～30	20～80

动力环境集中监控系统的功能如下。

1. 监控功能

监控功能是监控系统最基本的功能。"监"是指监视、检测,"控"是指控制。因此,监控功能可以简单地分为监测功能和控制功能。

(1) 监测功能

监控系统能够对设备的实时运行状况和影响设备运行的环境条件实施不间断的监测,获取设备运行的原始数据和各种状态,以供系统分析处理,这个过程就是遥测和遥信。同时,监控系统还能够通过通信局(站)的摄像机,以图像的方式对设备、环境进行直接监视,并能通过现场的麦克风将声音传到监控中心,帮助维护人员更加直观、准确地掌握设备的运行状况,这个过程也常被称为遥像或遥视。监测功能要求系统具有较好的实时性和准确性。

（2）控制功能

监控系统能够将维护人员在业务台上发出的控制命令转换成设备能够识别的指令，使设备执行预期的动作或参数的调整，这个过程也就是遥控和遥调。监控系统遥控的对象包括各种被监控设备，也包括监控系统本身的设备，如云台和镜头，对其进行的遥控能使系统获取满意的图像。控制功能也同样要求系统具有较好的实时性和准确性。

2. 交互功能

交互功能是指监控系统与人之间以及监控系统之间相互对话的功能，包括人机交互界面所实现的功能和系统间互联通信的功能。

3. 管理功能

管理功能是监控系统最重要、最核心的功能，它包括对实时数据、历史数据、告警、配置、人员、设备以及档案资料等的一系列管理和维护。监控系统主要实现以下 6 种管理功能。

（1）数据管理功能

监控系统中的数据包括反映设备运行状况和环境状况的所有被检测的数值、状态和告警。监控系统对数据的处理、管理和维护功能包括数据显示、数据存储、数据查询、数据备份和恢复、数据处理和统计等。

（2）告警管理功能

告警是监控系统最重要的监测数据，告警管理功能也是监控系统最重要的功能之一。对告警的管理，除了上面数据管理功能所提到的内容外，还包括告警显示、告警屏蔽、告警过滤、告警确认、故障维修派单、告警呼叫等。

（3）配置管理功能

配置管理是指通过对监控系统的配置参数、界面等特性进行编辑修改，保证系统正常运行，优化系统性能，增强系统的实用性。配置管理功能包括参数配置、组态和校时等。

（4）安全管理功能

安全管理功能包含两方面的含义：一是监控系统的安全，二是设备和人员的安全。监控系统的安全管理功能包括用户管理、操作记录管理、遥控操作的安全保证等。

（5）自我管理功能

监控系统的自我管理功能是系统对自身进行维护和管理的功能。按照要求，监控系统的可靠性必须高于被监控设备，自我管理功能是提高系统运行稳定性和可靠性的重要措施，它包括系统自诊断、系统日志管理等。

（6）档案管理功能

档案管理功能又称信息管理功能，是监控系统的一项辅助管理功能，它将与监控系统相关的设备、人员、技术资料等信息作归纳整理,进行统一管理。档案管理功能包括系统维护信息管理、设备管理、人员管理、技术文档管理等。

4. 智能分析功能

智能分析功能是利用专家系统、模糊控制、神经网络等人工智能技术来模拟人的思维,在系统运行过程中对相关的知识和以往的处理方法进行学习,对设备的实时运行数据和历史数据进行分析、归纳,不断地积累经验,以优化系统性能,提高维护质量,帮助维护人员提高决策水平的各项功能的总称。智能分析功能包括告警分析、故障预测、运行优化等。

5. 帮助功能

一个完善的计算机系统,一定会有完备的帮助功能。在监控系统中,帮助信息的方式是多种多样的。最常见的是系统帮助,它是一个集系统组成、结构、功能描述、操作方法、维护要点及疑难解答于一体的超文本文件。

11.2　监控系统网络结构

网络结构

1. 网络结构

监控系统采用逐级汇接的网络结构,一般由监控中心、监控站、监控单元和监控模块构成,如图 11-2 所示。

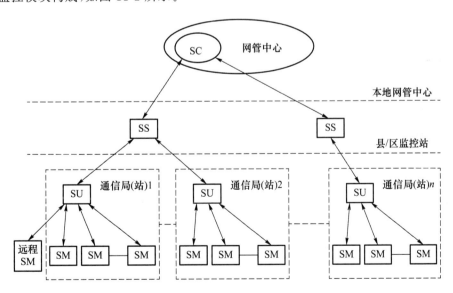

图 11-2　动力环境监控系统的网络结构

（1）监控中心（Supervision Center，SC）

监控中心是本地网或者同等管理级别的网络的管理中心。监控中心为适应集中监控、集中维护和集中管理的要求而设置。集中监控中心（SC/CSC）是一个较高层次的监控管理级，是监控系统的核心级，它负责对整个地市范围内的各个县、市、区的电源设备进行集中地检测和管理。监控中心包括区域监控中心的所有功能。为了便于纳入综合电信管理网，监控中心还应具有同本地网管中心互联的通信接口。

（2）监控站（Supervision Station，SS）

监控站是区域管理维护单位。监控站为满足县、区级的管理要求而设置，负责辖区内各监控单元的管理。区域监控站是用来对一个县级区域内的所有局（站）进行监控管理的集中操作维护点，是监控系统中通信电源设备的基本运行维护单位。监控站在整个监控系统中功能最强大、性能最完善。

（3）监控单元（Supervision Unit，SU）

监控单元是监控系统中最基本的通信局（站）。监控单元一般完成一个物理位置相对独立的通信局（站）内所有的监控模块的管理工作，个别情况下可兼管其他小局（站）的设备。

（4）监控模块（Supervision Module，SM）

监控模块是完成特定设备的管理功能，并提供相应监控信息的设备。监控模块面向具体的被监控对象，完成数据采集和必要的控制功能。被监控设备的类型不同，监控模块不同，在一个监控系统中往往有多个监控模块。

监控模块是监控系统中最低的监控层，它直接与设备相连接，用于对被监控设备的工作状态和运行参数进行监控、采集和处理，形成规范化的状态、数据和告警信息向上传送；同时，接收和执行监控单元下发的各种监测和控制指令，对设备进行控制和参数调整。由于监控模块直接与被监控设备相连，根据监控系统可靠性设计的原则，监控模块具有最高的监控优先级。

监控模块的核心部分一般为单片机，它通过一定的接口芯片和外围电路，设置一定数量的模拟量输入、开关量输入、数字量输出和计数输入等接口和通道，与安装在被监控设备上的传感器、变送器、触点等连接，直接对被监控设备进行实时地监测和控制；同时，监控模块还设有用于与上级监控单元进行通信的串行通信接口，如 RS-232、RS-485/422等。监控模块内包含具有一定容量的存储芯片（RAM、EPROM 等），保存着被监控设备运行状况以及执行控制命令所必需的参数；当通信发生中断时，监控模块还能够保存一定量的历史数据和告警信息，待通信恢复后再将其上报。

各通信局（站）根据智能设备和非智能设备的具体情况配置监控模块。智能设备内部具有自己的监控单元，直接或通过协议转换的方式接入监控系统，一般每台智能设备作为一个监控模块；非智能设备采用通用或专用的数据采集设备进行监控，每一个数据采集设备作为一个监控模块。

随着计算机网络的延伸,这种三级逐级汇接的树状结构正逐步被网络型结构所替代。SS 的汇接作用也逐渐由 SC 统一完成,这样不仅便于网管中心的集中管理,而且降低了系统造价和复杂程度。

2. 网络通信与传输

(1) 监控模块(SM)与监控单元(SU)之间的数据传输采用专用数据总线。物理接口与传输速率采用:

① V. 11/RS422   1.2 kbit/s～48 kbit/s;

② RS485   1.2 kbit/s～48 kbit/s ;

③ V. 24/V. 28/RS-232C   1.2 kbit/s～19.2 kbit/s;

④ RJ45   10 BASE-T, 10 BASE-5,10 Mbit/s。

(2) 监控单元(SU)与监控站(SS)之间的数据传输可采用两种传输手段,主辅备用,并能自动切换。采用的传输方式主要有:

① 数字数据网(DDN);

② 语音专线(采用 MODEM);

③ 拨号电话线(采用 MODEM);

④ DCN 网;

⑤ 其他。

(3) 监控站(SS)与监控中心(SC)之间的数据传输以计算机网或专线为主,以拨号公用电话网为辅,计算机网或专线和拨号线之间应能自动切换,可采用的传输方式主要有:

① 数字数据网(DDN);

② 语音专线(采用 MODEM);

③ 拨号电话线(采用 MODEM);

④ DCN 网;

⑤ 其他。

11.3 监控对象

监控系统以下列电源设备和机房环境为监控对象。

1. 高压配电设备

(1) 进线柜

遥测:三相电压、三相电流。

遥信：开关状态、过流跳闸告警、速断跳闸告警、失压跳闸告警、接地跳闸告警（可选）。

（2）出线柜

遥信：开关状态、过流跳闸告警、速断跳闸告警、接地跳闸告警（可选）、失压跳闸告警（可选）、变压器过温告警、瓦斯告警（可选）。

（3）母联柜

遥信：开关状态、过流跳闸告警、速断跳闸告警。

（4）直流操作电源柜

遥测：贮能电压、控制电压。

遥信：开关状态、贮能电压高/低、控制电压高/低、操作柜充电机故障告警。

2. 低压配电设备

（1）进线柜

遥测：三相输入电压、三相输入电流、功率因数、频率。

遥信：开关状态、缺相、过压、欠压告警。

遥控：开关分、合闸（可选）。

（2）主要配电柜

遥信：开关状态。

遥控：开关分、合闸（可选）。

（3）稳压器

遥测：三相输入电压、三相输入电流、三相输出电压、三相输出电流。

遥信：稳压器工作状态（正常/故障、工作/旁路）、输入过压、输入欠压、输入缺相、输入过流。

3. 柴油发电机组

遥测：三相输出电压、三相输出电流、输出频率/转速、水温（水冷）、润滑油油压、润滑油油温、启动电池电压、输出功率。

遥信：工作状态（运行/停机）、工作方式（自动/手动）、主备用机组、自动转换开关（ATS）状态、过压、欠压、过流、频率/转速、水温（水冷）、皮带断裂（风冷）、润滑油油温高、润滑油油压低、启动失败、过载、启动电池电压高/低、紧急停车、市电故障、充电器故障（可选）。

遥控：开/关机、紧急停车、选择主备用机组。

4. 燃气发电机组

遥测：三相输出电压、三相输出电流、输出频率/转速、排气温度、进气温度、润滑油油温、润滑油油压、启动电池电压、控制电池电压、输出功率。

遥信:工作状态(运行/停机)、工作方式(自动/手动)、主备用机组、自动转换开关(ATS)状态、过压、欠压、过流、频率/转速、排气温度高、润滑油温度高、润滑油油压低、燃油油位低、启动失败、过载、启动电池电压高/低、控制电池电压高/低、紧急停车、市电故障、充电器故障。

遥控:开/关机、紧急停车、选择主备用机组。

5. 不间断电源(UPS)

遥测:三相输入电压、直流输入电压、三相输出电压、三相输出电流、输出频率、标示蓄电池电压(可选)、标示蓄电池温度(可选)。

遥信:同步/不同步状态、UPS/旁路供电、蓄电池放电电压低、市电故障、整流器故障、逆变器故障、旁路故障。

6. 逆变器

遥测:交流输出电压、交流输出电流、输出频率。

遥信:输出电压过压/欠压、输出过流、输出频率过高/过低。

7. 整流配电设备

(1)交流屏(或交流配电单元)

遥测:三相输入电压、三相输出电流、输入频率(可选)。

遥信:三相输入过压/欠压、缺相、三相输出过流、频率过高/过低、熔丝故障、开关状态。

(2)整流器

遥测:整流器输出电压,每个整流模块输出电流。

遥信:每个整流模块工作状态(开/关机、均/浮充、测试、限流/不限流)、故障/正常。

遥控:开/关机、均/浮充、测试。

(3)直流屏(或直流配电单元)

遥测:直流输出电压,总负载电流,主要分路电流,蓄电池充、放电电流。

遥信:直流输出电压过压/欠压,蓄电池熔丝状态,主要分路熔丝/开关故障。

8. 太阳能供电设备

遥测:方阵输出电压、电流。

遥信:方阵工作状态(投入/撤出),输出过压、过流。

9. 直流—直流变换器

遥测:输出电压、输出电流。

遥信:输出过压/欠压、输出过流。

10. 风力发电设备

遥测:三相输出电压、三相输出电流。

遥信:风机开/关。

11. 蓄电池监测装置

遥测:蓄电池组总电压,每只蓄电池电压,标示电池温度,每组充、放电电流,每组电池容量(可选)。

遥信:蓄电池组总电压高/低、每只蓄电池电压高/低、标示电池温度高、充电电流高。

12. 分散空调设备

遥测:空调主机工作电压、工作电流、送风温度、回风温度、送风湿度、回风湿度、压缩机吸气压力、压缩机排气压力。

遥信:开/关机,电压、电流过高/低,回风温度过高/低,回风湿度过高/低,过滤器正常/堵塞,风机正常/故障,压缩机正常/故障。

遥控:空调开/关机。

13. 集中空调设备

(1)冷冻系统

遥测:冷冻水进、出温度,冷却水进、出温度,冷冻机工作电流,冷冻水泵工作电流,冷却水泵工作电流。

遥信:冷冻机、冷冻水泵、冷却水泵、冷却塔风机工作状态和故障告警,冷却水塔(水池)液位低告警。

遥控:开/关冷冻机、开/关冷冻水泵、开/关冷却水泵、开/关冷却塔风机。

(2)空调系统

遥测:回风温度、回风湿度、送风温度、送风湿度。

遥信:风机工作状态、故障告警、过滤器堵塞告警。

遥控:开/关风机。

(3)配电柜

遥测:电源电压、电流。

遥信:电源电压高/低告警、工作电流过高。

14. 环境

遥测:温度、湿度。

遥信:烟感、温感、湿度、水浸、红外、玻璃破碎、门窗告警。

遥控:门开/关。

11.4　监控单元

1. 局(站)监控单元的结构

局(站)监控单元(SU)是监控系统中最低一级的计算机系统,它通过监控模块(SM)与被监控设备直接相连,对被监控设备进行数据采集和控制。监控单元如图 11-3 所示。

图 11-3　监控单元

监控系统的局(站)监控单元由单片机控制系统或工业控制机系统组成,也可采用可编程控制器等其他计算机系统。智能一体化监控单元为嵌入式微处理系统,它可以实现对各种基站动力设备和环境监测信号的实时监测和报警处理,并根据应用的需求作出相应的控制;同时,SU 具备对下行基站的组网能力,可以有效地利用基站的通信资源进行组网。

现场监控单元的功能主要侧重于监控,包括向监控模块发送监测和控制命令,如参数的设置和调整;汇总各监控模块采集的数据,进行处理和存储,如需要还可以显示或打印;定时或按照区域监控中心的要求向上级传送实时数据、历史数据、设备参数、状态信息、告警信息以及统计信息,并接收上一级下发的设备遥控命令。一般情况下每个通信局(站)配置一个现场监控单元。无人值守或设备较少的局(站)可不设监控单元,其设备监控模块可通过一定的传输方式连接到附近局(站)的监控单元,或直接连接到放置在区域中心的前置机上。

局(站)监控系统的监控内容包括开关电源相关数据,蓄电池组总电压,空调等动力设备的数据及温、湿度等环境数据,门禁系统摄像等设备的数据,其基本结构如图 11-4 所示。局(站)监控系统一般具有多样的输入/输出接口,有多种形式的通信接口和较大的存储容量,方便数据的存储和转发。

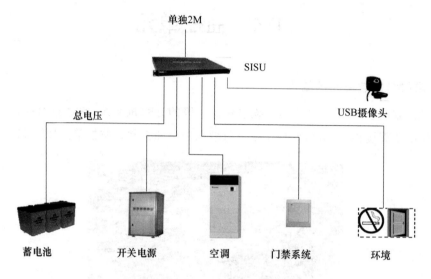

图 11-4 局(站)监控系统的基本结构

监控单元可以同时提供 6 路 AI/DI 通用采集通道、1 路 DI 通道、4 路专用通道、2 路数字控制量输出 DO 通道,另外,SU 还可配置扩展板,增加 8 路 AI/DI 通道、2 路 DI 通道和 4 路 DO 通道。通用 AI/DI 口可连接各种传感器,如电压电流传感器以及红外传感器、水浸传感器等;专用通道可直接测量温度、电池总电压以及进行烟雾告警;DO 通道可以配置交流接触器,用来控制设备,如非智能空调、照明等的开关。SU 具有 4 路智能协议转换口,可以同时监控多个智能设备,其中 1 路可用于 1 路 IP 方式智能设备接口和 1路异步串口智能门禁读卡器接口,且提供 1 路 USB 摄像头接口。此外,SU 可提供多种主通信接口,包括 IP、串口、E1 等。全部数据和图片信息可由 SU 统一打包,通过现场的传输资源(E1 专线 IP 方式)送至监控中心。

监控单元的内部结构如图 11-5 所示,主控模块(主机)与通用采集模块、智能协议转换器、蓄电池监测模块通过 RS485/422 协议进行数据通信。

集散式电源监控系统采用三级测量、控制、管理模式:最高一级为电源监控后台,电源监控后台通过 RS-232 或 RS-485 及 MODEM 通信方式与电源系统的监控模块连接;电源系统监控模块构成电源监控系统的第二级监控;电源监控系统的第三级监控由各整流模块内的监控单元、交流配电监控单元和直流配电监控单元等组成。集散式电源监控系统结构框图如图 11-6 所示。

电源系统监控模块通过 RS-485 接口与直流配电监控单元、交流配电监控单元和各整流模块监控单元的 RS-485 接口并联在一起。直流配电、交流配电、整流模块内部的监控单元均采用单片机控制,它们是整个监控系统的基础,直接负责监测各部件的工作信息,并执行从上级监控单元发出的有关指令,如上报有关部件的工作信息,完成对部件的功能控制。

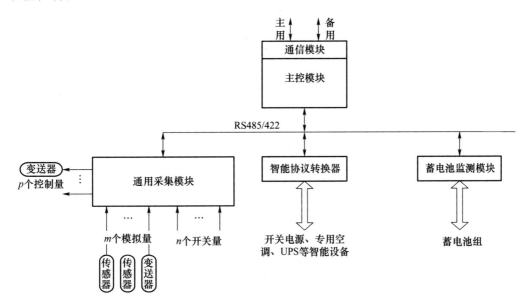

图 11-5　监控单元的内部结构

2. 变送器和传感器

传感器的
定义和功能

设备的实时运行数据是反映设备运行状态、环境、供电质量和用电情况的重要依据,如何准确、可靠地获得这些数据,是决定监控系统测量精确性的关键。我们可以通过采用各种各样的传感器和变送器,利用电磁感应、热电转换、光电效应、红外、微波等技术,将这些数据从现场采集下来,转换成可识别的电信号,送给计算机进行处理。可以说,现代传感器技术解决了数据的采集和转换问题。

传感器和变送器是监控系统进行前端测量的重要器件,它们负责将被测信号检出、测量并转换成前端计算机能够处理的数据信息。一般认为,传感器是能够感受规定的被测量并按照一定的规律将其转换成可用输出信号的器件或装置。由于电信号易被放大、反馈、滤波、存储以及远距离传输等,而且计算机只能处理电信号,所以通常使用的传感器大多将被测的非电量(物理的、化学的和生物的信息)转换为一定大小的电量输出。

有些传感器主要用于探测物体的状态和事件的有无,其输出量通常是电路的通断、接点的开合、电量的有无,因此也常被称为探测器,如红外探测器、烟雾探测器等。由于传感器具有这种“探知”的特性,很像昆虫的触头,因此也被形象地称为“探头”。经过传感器转换后输出的电量各式各样,有交流也有直流,有电压也有电流,且大小不一,而一般 D/A 转换器件的量程都在 5 V(直流)以下,所以有必要将不同传感器输出的电量变换成标准的直流信号,具有这种功能的器件就是变送器。

变送器是将输入的被测电量(电压、电流等)按照一定的规律进行调制、变换,使之成

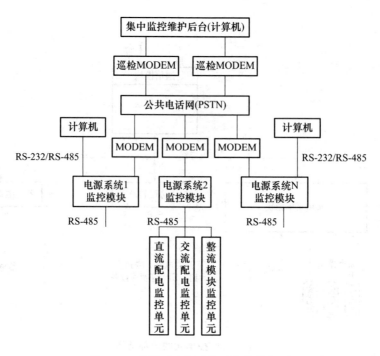

图 11-6 集散式电源监控系统结构框图

为可以传送的标准输出信号的器件。监控系统中使用的变送器的输出范围一般是 1～5 V（直流）或 4～10 mA（直流）。变送器除了可以变送信号外，还具有隔离作用，能够将被测参数上的干扰信号排除在数据采集端之外，同时也可以避免监控系统对被测系统的反向干扰。

此外，还有一种传感变送器也常被称为变送器，它的功能实际上是传感器和变送器功能的结合，即先通过传感部分将非电量转换成电量，再通过变送部分将这个电量变换为标准电信号进行输出，这类变送器包括压力变送器、湿度变送器等。

（1）常用的电量变送器

监控系统中常用的电量变送器有三组合交流电压变送器、三组合交流电流变送器、直流电压变送器等。

① 三组合交流电压变送器

三组合交流电压变送器用于测量三相电压，其接线示意图见图 11-7(a)，由铭牌说明可得知此变送器的外特性如下。

工作电源：直流+24 V。

量程：0～450 V。

输出：4～20 mA（输出与电源共用一对线）。

由此可得信号的特性曲线，如图 11-7(b)所示。在该图中，x 轴为传感器的输出，y 轴为量程范围，但更一般地，y 轴表示要测量的量。交流电压信号经变送器变换后接入采集器,要根据变送器的输出信号特性及变比对采集器的相应通道进行设置(注意单位统一成标准单位)。如此例中,$x_1 = 4$,$y_1 = 0$,$x_2 = 20$,$y_2 = 450$。为了方便,通常可用"0～450 V(AC)/4～20 mA"表示该传感器的输入输出特性。

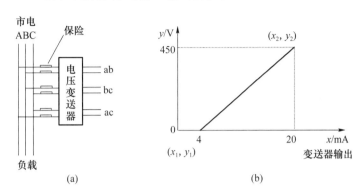

(a)　　　　　　　　　　　　　　　(b)

图 11-7　三组合交流电压变送器接线及其配置曲线

由于电压变送器直接从负载取得电压信号,因此变送器的输入线不能短路。为了设备的安全,要求在变送器的输入端安装保险。

② 三组合交流电流变送器

在了解电流变送器之前,先来了解交流电流是如何测量的。通信动力系统负载功率大,对应的交流电流也很大,一般为几十或几百安培,为了方便测量,现场先用交流电流互感器将大电流变为小电流。图 11-8 所示为交流电流互感器。

图 11-8　交流电流互感器

电流互感器的输出均为 0～5 A,即最大输出 5 A 的电流。互感器的量程与最大输出的比值称为变比,如 200 A/5 A 或 100 A/5 A。如果我们测出互感器的输出电流大小,那么将其乘以变比后就是负载的电流大小。通常电流变送器可以测量 5 A 以下的电流值。

由三组合交流电流变送器的铭牌说明可得知此变送器的外特性如下。

工作电源:直流 24 V。

量程:0～5 A。

输出:4～20 mA(输出与电源共用一对线)。

该变送器的特征曲线如图 11-9 所示,要注意 y 应乘以互感器的变比。假设互感器的变比为 200 A/5 A,则调试采集器的通道时配置参数为 $x_1=4,y_1=0,x_2=20,y_2=200$。

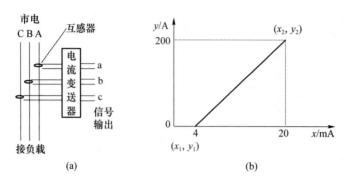

图 11-9 三组合交流电流变送器接线及配置曲线

如果变送器的前端没有接互感器,而是直接接入负载电流(如空调电流等小于变送器输入范围的电流),在配置 x_1,y_1,x_2,y_2 时要注意 y 不要再乘以变比。

电流互感器实质上是一个升压变压器,该变压器的初级就是负载导线,只有一匝,如果次级开路,就会产生较高的电压,因此,互感器的次级不能开路,否则对人身安全有威胁。互感器的次级接有电流变送器,在安装或更换电流变送器时一定要停电作业,才能确保人身安全;在互感器接入变送器的回路中不能接入保险。安装或更换其他需要接入互感器输出电流的变送器时也有相同的要求。

③ 直流电压变送器

直流电压变送器可以测量电压。电池的单体电压直接接入监控系统测量。对于总电压、油机启动电池电压,可通过合适的电阻分压后再接入监控系统,如图 11-10 所示。有的监控系统也可以直接接入开关电源总电压。

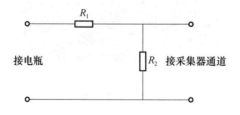

图 11-10 用分压器测量电池启动电压

在图 11-10 中,假定油机启动电池的电压为 24 V,R_1 为 6 Ω,R_2 为 2 Ω,该分压电路相当于一个 0～24 V(DC)/0～6 V(DC)的变送器。目前更多的是直接使用直流电压变送器,如某型号的直流电压变送器,其输入直流电压范围为 0～30 V,输出电流为 4～20 mA,需直流 24 V 电源。

直流电压变送器也可以测量直流电流。通信系统的直流电流通常很大,可达几百甚至上千安。为了测量直流电流,一般都在直流负载母排上安装分流器,分流器相当于精密的小电阻,当大电流通过时,在该电阻两端产生一个电压,通过测量分流器两端的电压可以间接测量负载电流。分流器的最大输出电压为 75 mV,不同的分流器有不同的分流器系数,如分流器系数为 1 000,表示当负载电流达到 1 000 A 时,分流器两端的电压达到 75 mV。直接将分流器两端的电压接入采集通道可以测量电流,但因信号太小,容易受到干扰,产生误差,因此常用直流电压变送器将被测电压信号转换成直流 4～20 mA 的工业标准电流信号后再接入采集器测量,如图 11-11 所示;设置通道参数时同样要注意分流器系数。

图 11-11　直流电流的测量

某型号直流电压变送器的外特性如下。

测量范围:直流电压 0～75 mV。

输出范围:4～20 mA(三线制,对应三相电流)。

工作电源:直流　24 V。

(2) 常用的传感器

监控系统中常用的传感器有温度传感器,湿度传感器,感烟探测器,门磁开关,水浸传感器,玻璃破碎传感器和微波、红外双鉴传感器等。

常用的传感器

① 温度传感器

温度是表示物体冷热程度的物理量,一些物体在温度变化时其某种特性会改变,根据这一现象可以间接地测量温度,温度传感器就是根据这一原理设计的。某温度传感器的外特性如下。

工作电源:直流 24 V。

量程:0～50 ℃。

输出:4～20 mA(输出与电源共用一对线)。

② 湿度传感器

湿度一般指相对湿度,是空气中所含水蒸气的分压与同温度下所含最大水蒸气的分压(饱和水蒸气压力)的比值,用百分比表示,常写成％RH。相对湿度表示空气中水蒸气的相对饱和程度。如果机房内的空气湿度过低,则人体在机房内走动时容易产生静电,若没有经过放电就接触设备,容易烧坏电路板;如果机房内的空气湿度过高,则容易腐蚀电路板,降低设备寿命。

某型号温、湿度一体化传感器,采用铂电阻作为感温元件来测量温度,用高分子薄膜电容式湿度传感器测量湿度。温度、湿度互相隔离,相当于两个传感器,其外特性如下。

工作电源:直流 24 V。

输出信号:4～20 mA。

湿度测量范围:0～100％RH。

温度测量范围:0～50 ℃。

为了使测量的结果具有代表性,温湿度传感器应安装在最能代表被测环境状态的地方,避免安装在空气流动不畅的死角及空调的出风口处。温湿度传感器如图 11-12 所示。

图 11-12 温湿度传感器

③ 感烟探测器

感烟探测器简称烟感,是一种火灾探测器。火灾探测器分为感烟探测器、感温探测器和火焰探测器。感烟探测器分为离子感烟型探测器和光电感烟型探测器;感温探测器分为定温感温型探测器和差温感温型探测器;火焰探测器主要用在探测无烟的火灾场合。工程上使用最多的是离子型感烟探测器,如图 11-13 所示。

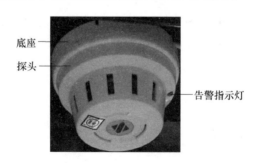

底座

探头

告警指示灯

图 11-13 离子型感烟探测器

离子感烟探测器利用放射性元素产生的射线,使空气电离产生微电流来检测空气中是否有烟。目前大部分的离子感烟探测器采用单源双室的工作方式,即一个放射源,两个工作室。两个工作室中的一个为参考室,另一个为探测室,没有烟进入探测室时,两室的微电流平衡,当烟雾进入探测室时,探测室内的电流发生变化,破坏平衡,传感器将检测到的信号送到一个正反馈电路,产生报警输出。离子感烟探测器在监视状态下的工作

电流为几十 μA；在报警状态下，探测器上的压降为 4～6 V，允许通过的最大电流为 60～100 mA。我们可以把烟感信号看成一个常开接点(如图 11-14 所示)，告警时闭合，图中的 R 为采集器内部的限流电阻，一般阻值为 4.7 K。一个烟感的有效探测范围是有限的，当一个机房内装多个烟感时，应并联安装。

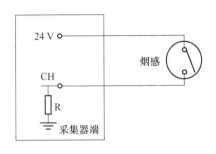

图 11-14　烟感的等效电路

烟感告警时具有告警保持的特点，即一旦告警，烟感两端将一直为导通状态。烟感告警或测试烟感后，一定要进行复位。复位的方法很简单，将传感器断一次电即可，例如关闭采集器电源后再打开。按消防的要求，烟感是不允许远程复位的，因此不会在监控中设计远程复位功能。

在使用离子感烟探测器时应注意，只有垂直烟才能使其报警，因此烟感应装在房屋的最顶部。灰尘会使感应头的灵敏度降低，因此应注意防尘。离子感烟探测器使用放射性元素^{137}Cs，应避免拆卸烟感，注意施工安全。烟感需要定期(如每年一次)进行清洁，以保证其工作的可靠性。

④ 门磁开关

门磁开关又称为门碰，实际上是一个干簧管。干簧管由两个靠得很近的金属弹簧片构成，两个金属片为软磁性材料，当干簧管靠近磁场时，金属片被磁化，相互吸引而接触，当干簧管远离磁场时弹簧片失去磁性，在弹力的作用下两金属片分开，因此门碰相当于一个常闭开关。多个门磁开关可串联接入采集器的同一个通道。

安装门磁开关时应将干簧管安装在固定的门框上，将磁体安装在可动的门上，尽量使它们在关门时靠得近、开门时离得远。如果是铁门，要选择适合铁门使用的门磁开关，参见图 11-15。

图 11-15　门磁开关

⑤ 水浸传感器

当传感器被水浸时,输出一个标准的 TTL 低电平信号。水浸传感器如图 11-16 所示。

图 11-16　水浸传感器

⑥ 玻璃破碎传感器

当玻璃被击碎时,玻璃破碎传感器能输出对应的继电器触点信号,给出对应的数字量报警信号。玻璃破碎传感器如图 11-17 所示。

图 11-17　玻璃破碎传感器

⑦ 微波、红外双鉴传感器

微波、红外双鉴传感器是被动式红外传感器和微波传感器的组合。微波传感器根据多普勒效应原理来探测移动物体,传感器发射微波,微波遇到障碍物时被反射回传感器,当障碍物相对传感器运动时,则传感器接收到的反射波频率发生变化:当障碍物朝着传感器运动时,传感器接收到的反射波频率比发射波频率高;当障碍物远离传感器运动时,传感器接收到的反射波频率比发射波频率低。因此,传感器通过比较反射波和发射波的频率可以探测是否有移动物体进入。微波、红外双鉴传感器如图 11-18 所示。

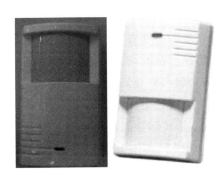

图 11-18　微波、红外双鉴传感器

3. 通用采集模块

（1）通用采集模块

通用采集模块通常具备多种输入/输出接口，例如符合工业标准的模拟量输入接口、开关量输入接口以及控制量输出接口。通过通用采集模块的输入接口，连接传感器或变送器来采集被监控设备的各类数据。一般这类被监控设备不具备智能接口，必须通过通用采集模块才能接入监控系统中。好的通用采集模块采用模块化设计，提供多种配置灵活的数据输入/输出模块。通用采集模块要求具有较强的隔离/保护、抗干扰的能力。

（2）采集器

一体化采集器是机房最主要的监控终端，集信号采集、设备控制、通信、协议和接口转换功能于一身，基本上满足了对基站的交直流电压、电流，整流，空调，温湿度，烟感，水浸等数据的采集的需求。采集器如图 11-19 所示。

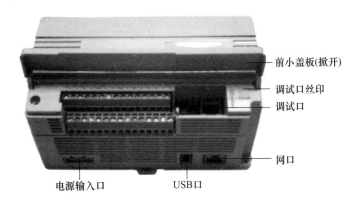

前小盖板(掀开)

调试口丝印

调试口

网口

电源输入口　　　USB口

图 11-19　采集器

4. 智能协议转换器

对于开关电源、UPS、专用空调、柴油发电机组等智能设备，由于其自身提供通信接口（大部分为 RS232，也有的提供 RS485/422、TCP/IP），因此通过通信接口可以向外提供设备的各类信息。但是这些设备与外界的通信信号格式和协议各不相同，为了解决各种智能设备与监控系统之间的信息交换问题,通常的解决方案是采用协议转换器,将智能设备的通信协议转换成监控系统的内部协议。

协议转换器在进行通信协议转换时,实际上是按智能设备的通信协议接受智能设备的数据,再按监控主机的通信协议将数据转发给监控主机;或者按局(站)监控主机的通信协议接受局(站)监控主机下达给智能设备的命令,再按智能设备能够识别的通信协议将数据转发给智能设备。因此,协议转换器具有程序存储和数据存储以及数据处理转发的功能,其基本硬件包括 CPU、RAM、EEPROM/EPROM 和两个以上的串行通信口。

5. 蓄电池监测模块

为了便于检测蓄电池组每只电池的端电压、温度等监控量,存储电池充放电数据和电池分析数据,监控设备生产厂商研制了蓄电池监测模块(或称蓄电池检测仪),便于对蓄电池监测进行单独操作。

11.5　监控站和监控中心

1. 监控站(SS)的职能

(1) 实时监控

① 实时监视各通信局(站)动力设备和机房环境的工作状态,接收故障告警信息。

② 可以查询监控单元采集的各种监测数据和告警信息。

(2) 告警管理

① 设定告警等级、用户权限。

② 设定各个监测量性能的门限值。

③ 具有告警过滤能力。

(3) 运行管理

① 具有统计功能,能生成各种统计报表及曲线图。

② 具有数据存储功能,告警数据、操作数据可监测数据可至少保存半年。

(4) 监控系统自身管理

① 能同时监视辖区内监控单元的工作状态并与监控中心保持通信,可通过监控单元对监控模块下达监测和控制命令。

② 接收监控中心定时下发的时钟校准命令。

③ 实时向监控中心转发紧急告警信息。必要时(如监控站夜间无人值守),可设置成将所收到的全部告警信息转送到监控中心。

2. 监控中心(SC)的职能

(1) 实时监控

① 实时监视各通信局(站)动力设备和环境的工作状态和运行参数,接收故障告警信息。

② 根据需要,查询监控站和监控单元采集的各种监测数据和告警信息。

③ 实时监视各监控站的工作状态。

④ 可通过监控站对监控单元下达监测和控制命令。

（2）告警管理

设定告警等级、用户权限。

（3）运行管理

① 具有统计功能,能生成各类统计报表及曲线图。

② 具有文件存档和数据库管理功能。

（4）监控系统自身管理

① 在接管监控站的控制权后,对于告警信息的处理与监控站相同,也就是具有告警过滤能力。

② 具有实时向上一级监控中心转发紧急告警信息和接受上一级监控中心所要求的监测数据信息的能力。

③ 向监控站定时下发时钟校准命令。

随着集中维护管理模式的发展,非大型本地网动力环境集中监控系统的监控站功能呈现弱化趋势,监控站级的监控终端逐渐成为监控中心级的远程终端,其功能主要集中在对区域设备的监控上。

3. 应用软件系统

为了实现监控站、监控中心的功能,需要在监控站和监控中心建立一套计算机系统,主要包括数据通信服务器、数据库服务器、监控操作和管理终端等部分,有的还包括告警管理服务器。

11.6　动力环境集中监控系统维护

1. 维护内容

（1）月

月维护内容包括各取样线缆的走线规范性和连接情况的检查;监控设备本机显示、告警和参数设置情况的检查。

（2）季度

季度维护内容包括告警功能模拟试验,以及与监控中心进行核对。

（3）半年

半年维护内容包括监控设备本机的测量精度检查。

2. 维护要求

(1) 各取样信号线走线规范(严禁凌空飞线、对接),防护良好(用 PVC 线槽防护),取样位置正确,连接头制作良好、连接可靠。

(2) 监控设备本机显示、告警良好,参数设置正确。

(3) 告警功能模拟试验,要求准确度达到 100%。

(4) 电量和非电量取样信号的测量精度应符合:直流电量精度大于 0.5%,其他电量精度大于 2%;非电量精度大于 5%。

3. 告警功能模拟试验

逐项模拟告警,观察监控设备本机能否正确地产生告警,并要求集中监控系统(OMCR)的值班人员确认告警能否正确地上传到 OMCR。

(1) 交流断电告警

切断交流供电,观察设备面板上有无交流断电告警提示,与 OMCR 的值班人员确认有无此告警产生;恢复交流供电,观察设备面板上的此告警提示是否消失,与 OMCR 值班人员确认此告警是否已消失。

(2) 直流过压告警

设定直流过压阈值低于电池电压,观察设备面板上有无电池过压告警提示,与 OMCR 的值班人员确认有无此告警产生;设定直流过压阈值高于电池电压,观察设备面板上的此告警提示是否消失,与 OMCR 的值班人员确认此告警是否已消失。

(3) 直流欠压告警

设定直流欠压阈值高于电池电压,观察设备面板上有无电池欠压告警提示,与 OMCR 的值班人员确认有无此告警产生;设定直流欠压阈值低于电池电压,观察设备面板上的此告警提示是否消失,与 OMCR 的值班人员确认此告警是否已消失。

(4) 高温告警

设定温高阈值低于室温,观察设备面板上有无温高告警提示,与 OMCR 的值班人员确认有无此告警产生;设定温高阈值高于室温,观察设备面板上的此告警提示是否消失,与 OMCR 的值班人员确认此告警是否已消失。

(5) 低温告警

设定温低阈值高于室温,观察设备面板上有无温低告警提示,与 OMCR 的值班人员确认有无此告警产生;设定温低阈值低于室温,观察设备面板上的此告警提示是否消失,与 OMCR 的值班人员确认此告警是否已消失。

(6) 水浸告警

将水浸传感器浸入水中少许,观察设备面板上有无水浸提示,与 OMCR 的值班人员确认有无此告警产生;将水浸传感器从水中拿出,观察设备面板上的此告警提示是否消失,与 OMCR 的值班人员确认此告警是否已消失。

(7) 烟雾告警

将烟雾喷入感烟探测器或用探测器厂家提供的模拟告警方法,观察设备面板上有无烟雾告警提示,与 OMCR 的值班人员确认有无此告警产生;通过机箱内的"清除"键清除烟雾告警,观察设备面板上的此告警提示是否消失,与 OMCR 的值班人员确认此告警是否已消失。

(8) 门禁告警

设防状态下,将机房门打开(此后不管门是否关上)30 s 后,观察设备面板上有无门禁告警提示,与 OMCR 的值班人员确认有无此告警产生;通过面板撤防门禁告警后,观察设备面板上的此告警提示是否消失,与 OMCR 的值班人员确认此告警是否已消失。若门禁告警不带"门设防和撤防"功能,则以门"开"和"关"两种状态来判断是否告警。

(9) 交流过压告警

设定交流过压阈值低于交流电压,观察设备面板上有无交流过压告警提示,与 OMCR 的值班人员确认有无此告警产生;设定交流过压阈值高于交流电压,观察设备面板上的此告警提示是否消失,与 OMCR 的值班人员确认此告警是否已消失。

(10) 交流欠压告警

设定交流欠压阈值高于交流电压,观察设备面板上有无交流欠压告警提示,与 OMCR 的值班人员确认有无此告警产生;设定交流欠压阈值低于交流电压,观察设备面板上的此告警提示是否消失,与 OMCR 的值班人员确认此告警是否已消失。

(11) 交流缺相告警

将三相交流电的任一相切断,观察设备面板上有无交流缺相告警提示,与 OMCR 的值班人员确认有无此告警产生;恢复三相交流电,观察设备面板上的此告警提示是否消失,与 OMCR 的值班人员确认此告警是否已消失。

(12) 设备自诊断告警

切断监控终端电源,观察 OMCR 是否显示监控终端掉电告警;恢复供电后,观察监控终端是否自动恢复所有的预设参数和功能,并正常运行。

实训项目一   通信机房环境巡检

检查项目	维护细则	达标标准
机房基础	检查机房基础是否沉降,地上、墙上及屋面是否有渗、漏水现象	对有漏水现象的机房进行补漏处理,对涉及土建施工、整改范围大的情况应及时反馈处理
灾害隐患	检查机房结构是否安全,有无漏洞,有无虫、鼠患	对存在结构安全隐患,有漏洞、虫、鼠患的基站进行处理
门窗安全等	检查门、窗及进线孔洞	门、窗及进线孔洞密封
市电引入	检查市电引入的线路和配电箱是否安全	市电引入安全
照明设施	检查灯具、插座工作是否正常,开关线路是否安全可靠	发现故障及时修复、更换
消防器材	检查消防器材是否配备,是否在有效期内;检查消防通道是否顺畅	灭火器压力正常、在有效期内,对不合格器材进行更换;机房消防通道顺畅,无堆积物
防盗设施	检查防盗设施是否完好	及时处理盗、抢等安全隐患,保持防盗设施完好
机房环境	进行室内外环境清洁;室外 1.5～2 m 内应无杂草;山上的独立机房四周无工程废料,至少 3 m 范围内无杂草灌木,有明显的排水沟及防火隔离带;周边无易燃易爆物品	室内外环境清洁;周围环境无火灾等安全隐患

实训项目二   认知动力环境集中监控系统

一、实训目的

1. 熟悉动力环境集中监控系统的组成

2. 掌握结构及主要元器件的工作情况

3. 掌握各个监控模块的组成及相关接线

二、准备内容

1. 相关传感器的作用

2. 动力环境集中监控系统

三、实训内容

1. 对照实物熟悉温度传感器、门磁开关、水浸传感器和感烟探测器

2. 掌握环境集中监控系统的组成

3. 掌握电源系统集中监控系统的组成

4. 学会在本地监控或远程监控计算机上监控本移动基站动力环境集中监控系统的工作情况，以及有无报警操作

习　　题

一、填空题

1. 动力环境集中监控系统中的"三遥"分别是遥信、（　　　）和（　　　）。

2. 动力环境集中监控系统按管理要求和空间分布，可分成监控中心、监控站、（　　　）和（　　　）4 个层次。

3. 在动力环境集中监控系统中，SC 是指（　　　），SS 是指（　　　），SU 是指（　　　），SM 是指（　　　）。

4. 变送器是一种将被测量（　　　）、（　　　）转换为可以传送的标准输出信号的器件。

二、选择题

1. 电源设备的电压值通过（　　　）转换为监控设备可以识别的标准输出信号。

A. 传感器　　　　　　B. 变送器　　　　　　　C. 逆变器　　　　　　D. 控制器

2. 动力环境集中监控系统中传感器的作用是（　　　）。

A. 将电量的物理量变换成开关量

B. 将电量的物理量变换成非电量

C. 将非电量的物理量变换成电量

D. 将非电量的物理量变换成模拟量

3. 动力环境集中监控系统中 SU 是指（　　　）

A. 监控中心　　　　　　　　　　　B. 监控站

C. 监控单元　　　　　　　　　　　D. 监控模块

4. 下列变送器、传感器输出接入采集模拟量通道的是（　　　）

A. 烟感　　　　　　B. 门磁开关　　　　C. 水浸传感器　　　D. 温湿度传感器

5. SM 表示的内容是（　　　）

A. 监控中心　　　　B. 监控站　　　　　C. 监控单元　　　　D. 监控模块

6. 监控系统能远距离遥测出机房环境的（　　　）。

A. 温度　　　　　　B. 湿度　　　　　　C. 空气纯净度　　　D. 噪音

7. 监控系统一般以(　　　)的方式监视和控制设备和环境的实际状况。

A. 遥信　　　　　　B. 遥测　　　　　　C. 遥感　　　　　　D. 监控系统

8. 通信电源监控提到的"四遥"功能,一般指的是 (　　　)

A. 遥测、遥控、遥信、遥调

B. 遥感、遥测、遥控、遥调

C. 遥控、遥调、遥感、遥信

D. 遥信、遥调、遥测、遥感

三、综合题

1. 什么是动力环境集中监控系统?

2. 动力环境集中监控系统的功能有哪些?

3. 动力环境集中监控系统的网络结构包括哪些?

4. 监控系统中的常用传感器有哪些,它们与变送器有何区别?

参 考 文 献

[1]　张雷霆,杨育栋.通信基站电源系统维护[M].北京:人民邮电出版社,2013.

[2]　曾令琴.供配电技术[M].2版.北京:人民邮电出版社,2014.

[3]　全国通信专业技术人员职业水平考试办公室.通信专业实务(设备环境)[M].北京:人民邮电出版社,2008.

[4]　朱永平.通信电源设备与维护[M].北京:人民邮电出版社,2013.

[5]　许乃强,蔡行荣,庄衍平.柴油发电机组新技术及其应用[M].北京:机械工业出版社,2018.

[6]　通信用配电设备:YD/T 585—2010[S].北京:中华人民共和国工业和信息化部,2008.

[7]　通信用高频开关电源系统:YD/T 1058—2015[S].北京:中华人民共和国工业和信息化部,2015.

[8]　通信用阀控式铅酸密封蓄电池:YD/T 799—2010[S].北京:中华人民共和国工业和信息化部,2011.